JN221691

基礎からスタート

大学の生物学

道上 達男　著

裳華房

Biology for College Students

by

TATSUO MICHIUE

SHOKABO
TOKYO

まえがき

　みなさんは，高校でいろいろな科目を学習し，その知識をもとに入学試験を受けて大学に進学されます。ところが，大学では高校の学びなどお構いなしに「これが大学の勉強だ！」と，いきなり難しい学習内容に直面することになります。さしずめ，2メートルくらいの高さの壁が突然目の前に現れる，といったところでしょうか。昨今では高大連携が叫ばれ，その壁の高さは少し低くなったかもしれませんが，そもそもの問題としてそのような壁が作られてしまう理由は，大学教員が高校教育に無関心，そして無知だからです。もう一つ，大学の教科書の悪い点は文章の難しさでしょう。同じ内容をわざわざ難しい文章で分かりにくくしている，という印象です。

　私自身は高校の生物教科書の執筆，あるいは入試関連業務の経験から，今の高校生がどのような内容の生物を勉強しているか，ある程度は理解しているつもりです。そのような観点から，「生物基礎」は勉強したけれど4単位の「生物」（分厚い方の教科書）は学習していない大学生が，大学での生物学をなるべくストレスなく学べるように，との思いでこの本を作りました。また，文章を書くにあたっては，可能な限り難しい言い回しは避けるように努力しました。これもまた，大学で直面する学習の壁を低くする一つの方法だと思っています。

　最後に。大学ではなぜ生物を勉強せねばならないのでしょう。一つは，知識そのものの重要性です。当たり前ですが私たちは生物で，生き物の仕組みを知っていると，間違いなく暮らしが豊かになります。また，人間は他の生物とともに暮らします。その相互関係を知らないと，強欲な人間は自分勝手な振る舞いに終始し，人類，ひいてはすべての生物の絶滅をもたらします。もちろん，遺伝子の転写制御の仕組みと日常生活をダイレクトに結びつけることには無理があるかもしれませんが，その結びつけを可能にするのが「知識」です。知識なんて覚えなくてもネット検索すれば，と考える人がいるかもしれませんが，そもそも何も知らなければ，検索さえもできないのはいうまでもありません。勉強が必要なもう一つの理由は，知識をもとに，大局的にものごとを考えるノウハウを習得するためです。生物の勉強は，用語や文章を覚えるだけでなく，そこからいろいろなことを考察し，問題を解決する方策を「考える」ことが必要になります。本書を勉強する中で，読んだ内容が「なぜそうなる？」「あの話はこのことにつながるのか」といった，大学生としての自分の気づきにつながっていくことを期待します。

　最後に，執筆の機会を与えて頂いた東京大学名誉教授 赤坂甲治博士に御礼申し上げます。そして15章の校正に目を通して頂いた東京大学 山道真人博士に厚く感謝申し上げます。また，粘り強くご対応下さった裳華房編集部の野田昌宏氏にも心より感謝申し上げます。

　2019年10月

道上 達男

目　　　次

5章　代　謝 ― 生きるためのエネルギー獲得 ―

6章　細胞骨格・細胞接着・細胞運動 ― からだを支え，動かす仕組み ―

7章　シグナル応答と細胞内シグナル伝達 ― 細胞が情報を得る方法 ―

8章　細胞分裂と細胞周期 ― 細胞はどうやって増え，個体は子孫を残す？ ―

Column		コラム

1章　生物とはなにか

　私たちの身の回りには，たくさんの生物がいる。もちろん私たちヒトも生物のなかの1つである。地球上に生物が誕生してから約40億年ともいわれる。現在，地球上には100万種類以上の生物が知られており，未分類のものを含めると1000万種以上ともいわれる。大きい生物もいればきわめて小さい生物もいる。

　「生物とはなにか」を考える際に大事な点は2つある。1つは「共通性」であり，もう1つは「多様性」である。この章では，生物の共通性，多様性について触れるとともに，これから学ぶ生物学の概要を示したい。この本を読み進める上での地図のような役割と思っていただければいいし，この本全体を読む時間が無い方は，この章だけでも読んでざっくりとした生物学を知ってほしい。

> **高校「生物基礎」で学んだこと**
>
> ・生物は共通性と多様性をもつ。
> ・生物すべてがもつ特徴は，細胞から構成されること，自ら栄養を得て増殖することができること，などが挙げられる。

1・1　生物の共通性

　生物と単なる化学物質との違いは何だろう。動くか動かないか，単純か複雑か，ということだけで説明がつかないことは明らかである。ここで，すべての生物がもつ特徴を挙げてみる（**図1・1**）。

　1つ目の特徴は，生物が**細胞から成り立っている点**である。シュワンらによって提唱された細胞説は，今でも生物の定義の1つとして正しい。

　2つ目は，自らが**増殖できる点**である。もう少し詳しく言うと，自分の複製に必要な道具（材料ではないことに注意）を一通り自分自身でつくれることが生

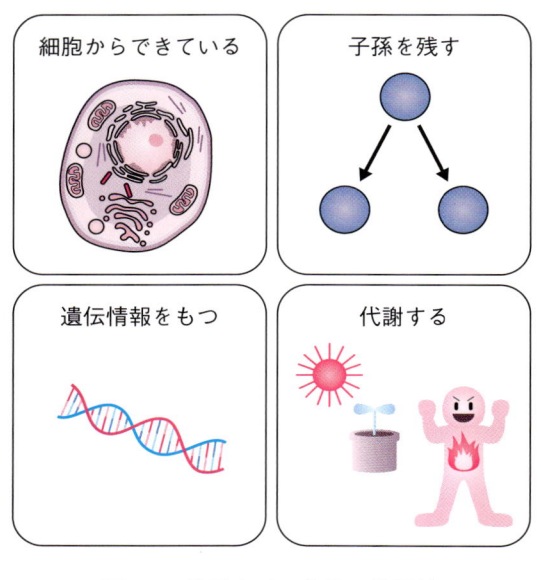

細胞からできている　　子孫を残す

遺伝情報をもつ　　代謝する

図1·1　生物とは：生物の共通性

物である条件で，例えばウイルスが「生物」とはみなされない理由は，転写などを宿主がもつ道具を借りて行っているからである。

3つ目は，**自らの複製に必要な遺伝情報をもち，同じ形・機能をもつ個体を生み出せる点**である。この，遺伝情報は核酸がもっている点も，生物全体の特徴である。

4つ目は，**代謝を行い，個体の維持に必要なエネルギーを産生すること**である。これは自己増殖ができることに含まれる。

「ほとんど」の生物の特徴はもっとたくさん挙げることができるかもしれないが，すべての生物の特徴としては以上の4つが考えられるだろう。この4つの特徴をもつ「モノ」は，化学物質ではなく「生物」と記述されるべきである。

1·2　生物の多様性

生物にはさまざまな「種」がある。一応の種の定義は，他の種と交配できないことであるが，近縁種ではその限りではない。すべての生物種は，3つの**ドメイン（真正細菌ドメイン，古細菌ドメイン，真核生物ドメイン）**に分類される（**図1·2a**）。

真核生物（細菌）と古細菌（アーキア）はともに原核生物である（**図1·2b**）。かつて古細菌は真正細菌よりも原始的な生物であるとされていたが，近年のゲノム解析の結果では，古細菌はむしろ真核生物に近いということが示されている。

真核生物ドメインは，かつて菌，原生生物，植物，動物の4つの大きな分類群（界）に分けられてい

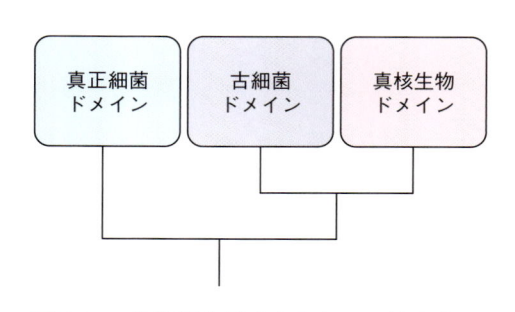

真正細菌ドメイン　　古細菌ドメイン　　真核生物ドメイン

図1·2a　生物種を構成する3つのドメイン

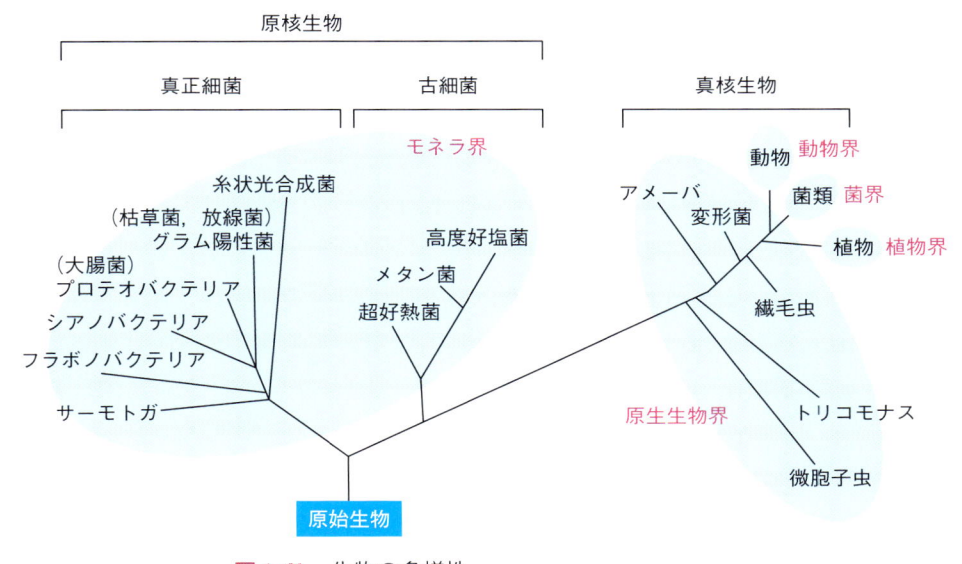

図 1·2b　生物の多様性
（東京大学生命科学教科書編集委員会編, 2018 より改変）

たが，最近の研究では原生生物が非常に大きな多様性をもっていて，菌・植物・動物はすべて原生生物の中に含めて考える方が適当であるとされている（➡ 14 章）。

1·3　生物をつくるための材料：細胞，タンパク質，核酸

　すでに説明したように，すべての生物は細胞から成り立っている。また，細胞は**生体膜（細胞膜）**で囲まれており，その中には生命の維持に必要なさまざまな物質が含まれる。真核生物の場合はそれに加え，生体膜で囲まれたさまざまな構造物（**細胞小器官**）も持つ（**図 1·3a**）（➡ 2 章）。光合成に必要な葉緑体，呼吸の場となるミトコンドリアも細胞小器官の 1 つである。

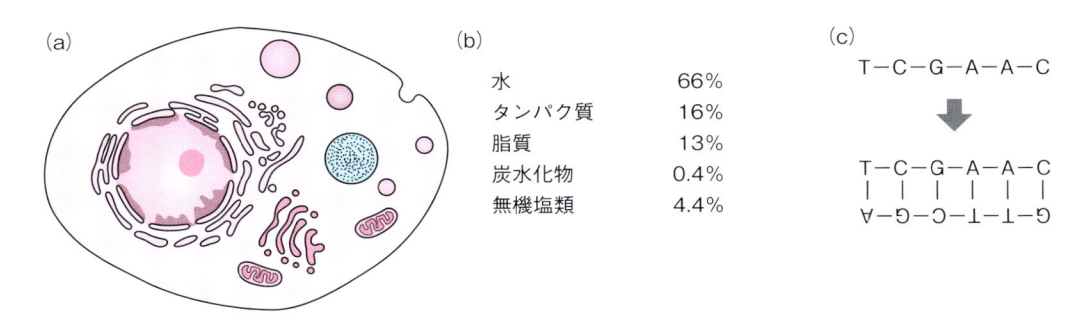

(b)

水	66%
タンパク質	16%
脂質	13%
炭水化物	0.4%
無機塩類	4.4%

図 1·3　生物の構築と遺伝情報
（a）細胞の構成要素，（b）ヒトの構成成分，（c）核酸がもつ相補性

　生体を構成する成分のうちもっとも多いのは**水**であるが，それ以外にも，タンパク質，脂質，炭水化物，無機塩類などがある（**図1·3b**）。その中でも**タンパク質**は，からだの構造をつくるために必要なだけでなく，酵素反応のように，さまざまな生体の反応に重要な役割を果たす（➡**3章**）。

　DNA あるいは **RNA** は，生物の遺伝情報を担う（➡**4章**）。DNA がもつ G, A, T, C という4つの塩基の組み合わせがさまざまな情報を構築し，生物の設計図として使われる。また，DNA や RNA が二重らせんの構造をとり相補性をもつことは，遺伝情報の複製，修復，そして情報の読み取り（転写）の観点からもきわめて重要な特徴といえる（**図1·3c**）。

1·4　代　謝：生物が生きていくための栄養獲得手段

　生物が活動し，生命を維持するためにはエネルギーが必要である（➡**5章**）。エネルギーを得る方法は主に2つで，1つは，光などを利用して，自分自身だけの力でエネルギーを生み出す方法，もう1つは，摂食などによって他の生物がつくり出した物質を利用してエネルギーを得る方法である。前者のような生物は**独立栄養生物**，後者は**従属栄養生物**とよばれる。

　自分自身がつくり出すにせよ，他の生物を利用するにせよ，生体物質はからだの中で順次変化していく。これは主に**酵素**によって行われる。これが**代謝**である。

　代謝は大きく分けて2つある（**図1·4**）。

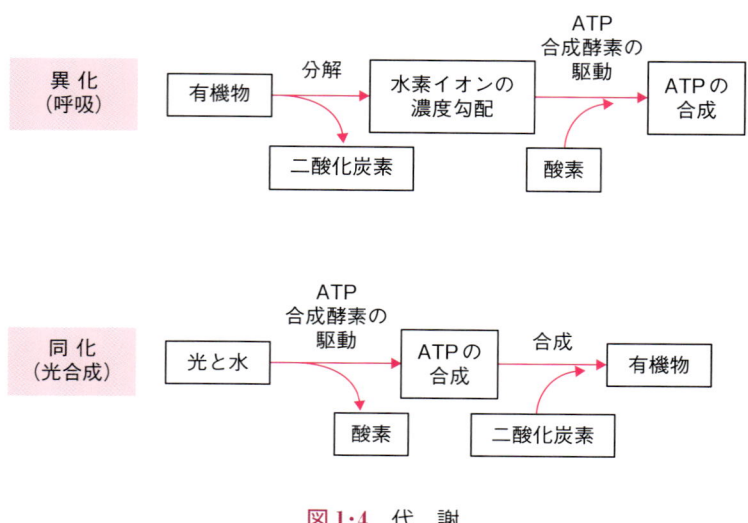

図1·4　代　謝

その1つは有機物を分解してエネルギーを得る**異化**である。異化の代表的なものは，酸素と水を用いて**ATP**（エネルギーのもと）を合成する呼吸である。酸素を用いずに ATP を合成する**発酵**も異化の1つである。

もう1つの代謝は，光などを利用して有機物を合成する**同化**である。同化の代表例は，光と二酸化炭素，そして水を使い，グルコースを合成する**光合成**である。

1·5　細胞外の刺激応答，遺伝子の発現，タンパク質輸送

生物は，外部の環境の変化を感知して適切に応答する（**図1·5**）。具体的には，細胞膜に位置した受容体が細胞の外に存在する物質（**シグナル分子**）と結合すると，「結合した」という情報を細胞質のタンパク質などに伝える。場合によっては，その因子が核内に移動し，遺伝子の転写をうながす（➡ 7 章）。このような**シグナル伝達経路**は，1つの細胞の中にたくさんの種類が備わっていて，さまざまなシグナル分子に対応できる。

遺伝子の転写を制御する仕組みもある。ヒトは遺伝子を2万種類以上もつが，これらがすべて同時に転写されると，必要なタンパク質以外に，無駄なタンパク質や，さらにはあってはいけないタンパク質もつくられてしまうという点で不都合である。そのため，それぞれの遺伝子ごとに，転写されたりされなかったりという**転写調節**の仕組みが備わっている（➡ 10 章）。

そして転写された mRNA は，リボソーム上でタンパク質に**翻訳**される。このようにしてつくられたタンパク質はさまざまな場所で機能するが，そのためには適切な場所に運ばれる必要がある。タンパク質にはある目印が含まれており，その目印を使って適材適所にタンパク質を振り分ける仕組みが細胞にはある（➡ 9 章）。

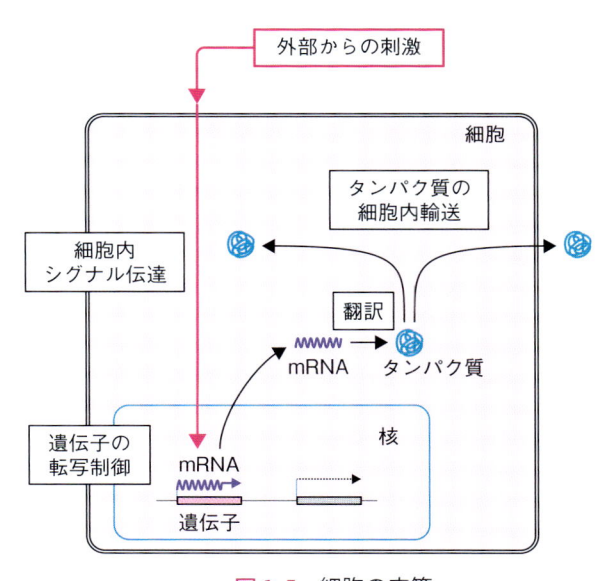

図 1·5　細胞の応答

1·6　自己増殖と個体構築（細胞分裂，発生，細胞運動）

　単細胞生物は個体を増やすため，そして多細胞生物は成長，修復，そして体内環境を維持するため，どちらも**細胞を増やす**必要がある。逆に，不必要なとき「のべつまくなし」に細胞が増えることがあってはいけない（がん細胞を想像しよう）。このような細胞増殖の制御は，**細胞周期**の仕組みによって担われている（図 1·6a）（➡ 8 章）。

　多細胞生物の場合，動物であれ植物であれ，個体そのものは発生の仕組みによってつくり出される（図 1·6b）（➡ 13 章）。生物は，種ごとにからだの形が違っている。逆に，同じ種の形は同じである。これは，生殖のために配偶子をつくり，それらが出会って受精し，そして受精卵が遺伝情報に基づいてそれぞれのからだを構築していくことで実現している。もちろん個々の例をみると例外もあるが，基本原則は以上のようである。

　また，からだをつくり上げる上では，**細胞骨格**や**細胞接着**，そして**細胞外マトリックス**のように，細胞，そして細胞集団の形態や振る舞いを維持・変化させるための基本的な仕組みが必要である。さらに，個体の構造を複雑にするためには，正しくコントロールされた**細胞の移動**が必要である（➡ 6 章）。

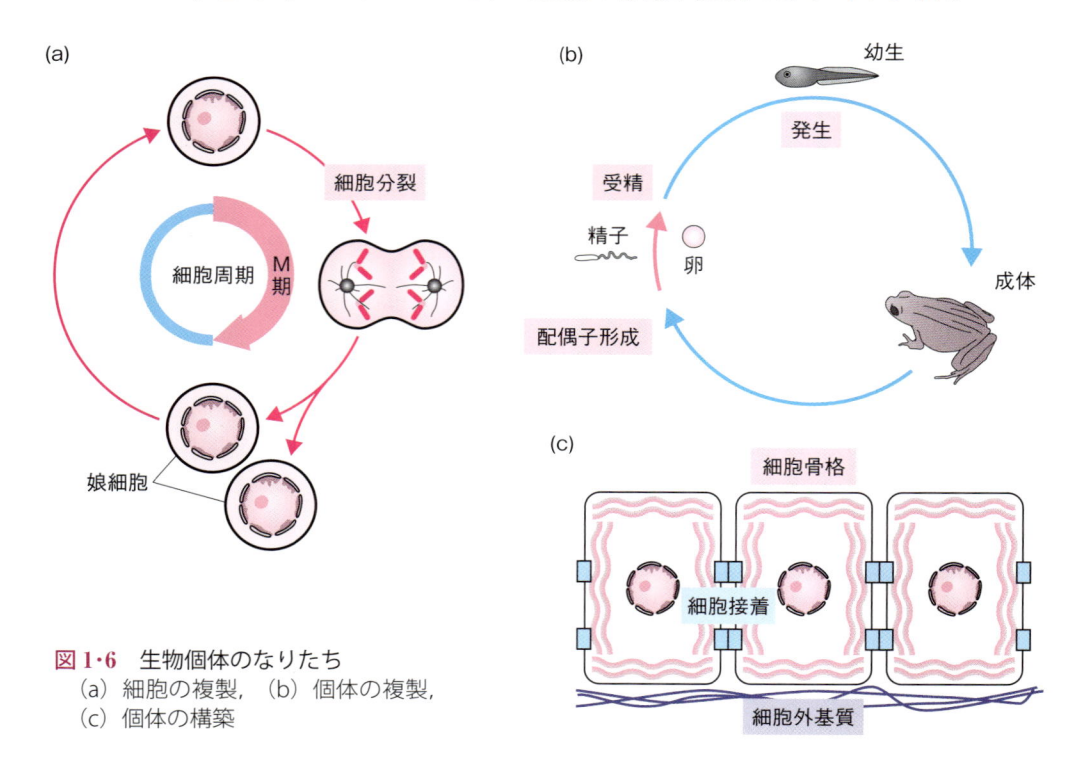

図 **1·6**　生物個体のなりたち
（a）細胞の複製，（b）個体の複製，
（c）個体の構築

1·7　個体のダイナミズム（ホメオスタシス，植物生理，神経）

生物が「生きる」ためには，生命活動を一定に維持することが必要である。これを**ホメオスタシス**（恒常性）という。この維持は，環境の変化を察知しからだが対応するという一連の流れによって行われる。例えば外気温が高くなり体温が上昇すると，そのことを察知して汗をかくなど，体温を下げるための対応をする。これは，意識的な行動，無意識の行動の両方がある。

環境変化を察知する感覚系は，皮膚感覚に加えて視覚，聴覚，嗅覚，味覚，平衡感覚などがあり，そうして得た情報は神経を通して（場合によってはホルモンによって）脳に伝えられる。脳での情報処理のあと，指令がからだの各部分に伝えられる。指令の伝達手段は主に神経とホルモンに分けられる。

この情報を受け取った器官は，個体の体内環境を一定に保つため，単一の器官，あるいは器官の集合体としての器官系が協調してからだの機能を果たす（**図1·7**）（➡ 11章, 12章）。

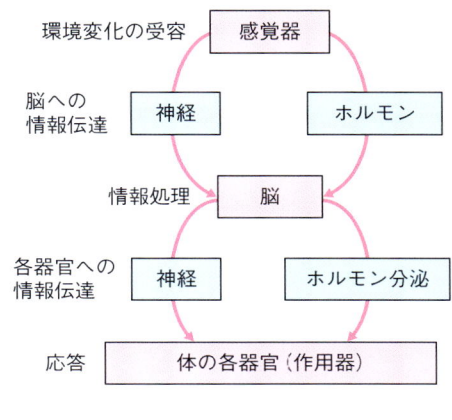

図1·7　体内環境の維持

1·8　自然環境（生態）

言わずもがなであるが，地球上にはさまざまな生物がいる。そして，これらは独立に生きているのではなく，お互いに影響を与え合っている。その総体が**生態系**である（**図1·8**）。

生態系は生物以外の環境要因，例えば天変地異によっても変化するが，長い目でみれば一定に保たれるように働く。いわば生態系は生物集団のホメオスタシスと捉えることもできる。とはいえ，ごく一部の生物種の個体数，さらには行動様式の変化が引き金となって，生態系全体が大きく影響をうけることがある（➡ 15章）。

生態系全体に影響を及ぼす生物の1つは, 何を隠そうわれわれ**人間**自身である。人間が生産したさまざまな「モノ」が，環境を破壊し，他の動物を減少させる。

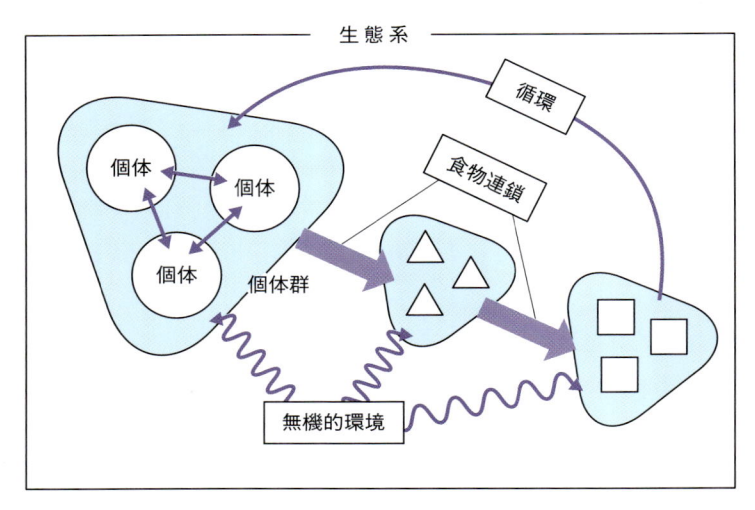

図 1·8　生物個体と生態系

このことについて，無思慮でいてはいけないのは当然で，現在はさまざまな国際的な取り組みや法律などによって，生態系の変化をなるべく食い止めようとする動きが活発に見られる。

1 章の練習問題

問 1　生物がもつ共通の特徴を 4 つ挙げよ。

問 2　以下の文章のうち，もっとも適切なものを 1 つ選べ。

　ア　同化によって有機物を分解して ATP を合成する。
　イ　翻訳によって合成されたタンパク質は，すべて拡散によって細胞内を移動する。
　ウ　細胞骨格は，細胞の形を維持し，移動することに役立っている。
　エ　生体の環境を一定に保つ機構であるホメオスタシスは，主にホルモンがその役割を担っている。

問 3　公害や自然破壊による生態系の変化は，人間生活にどのような影響をもたらすか，記述せよ。

2章　細　胞
― 生物をつくる単位 ―

　すべての生物は細胞からできている。細胞を示す英単語 cell の語源は「小さな区画」であり，細胞の特徴をよく表している。多細胞生物は，なぜ大きな1つの袋ではなく，「小さな区画」の寄せ集めなのだろうか。そのメリットは何なのだろうか。ということも考えつつ，この章を読み進めてほしい。

高校「生物基礎」で学んだこと（図2・1）

・細胞は細胞膜で区切られている。
・細胞の中には，核，葉緑体，ミトコンドリアなどの細胞小器官が存在している。
・細胞の中は，細胞質基質とよばれる液体で満たされている。
・細胞には，核をもつ真核細胞と，核をもたない原核細胞があり，それらをもつ生物をそれぞれ真核生物，原核生物とよぶ。
・核は核膜で囲まれていて，その中には染色体がある。

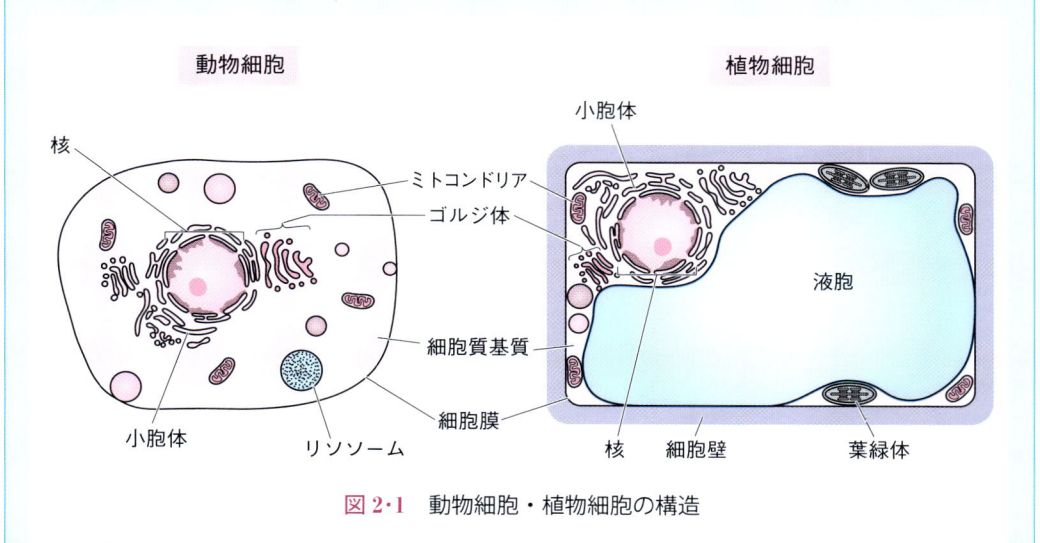

図 2・1　動物細胞・植物細胞の構造

- ミトコンドリアは細胞の中で粒状に見え，呼吸を行う場である。一方，葉緑体は光合成を行う場である。
- それ以外にも，細胞壁や液胞が細胞をつくる構造として知られる。

2·1　細 胞 膜

　　細胞はなにで区切られているのだろう。すべての生物がもつ細胞の区切りは**細胞膜**である。細胞膜は柔軟で，しかも完全な不透膜ではない。水など低分子は膜の内外を行き来することができる。その理由は，ビニールのような高密度な構造ではなく，比較的高分子の化合物が並んでできた，密度がそれほど高くない構造をしているからである。細胞膜を構成する高分子は**リン脂質**とよばれる。リン脂質は親水性の頭部と疎水性の尾部からなり，細胞膜はこれらが互いに尾部を向けて並んだ構造をとる（**脂質二重膜**という。**図2·2**）。

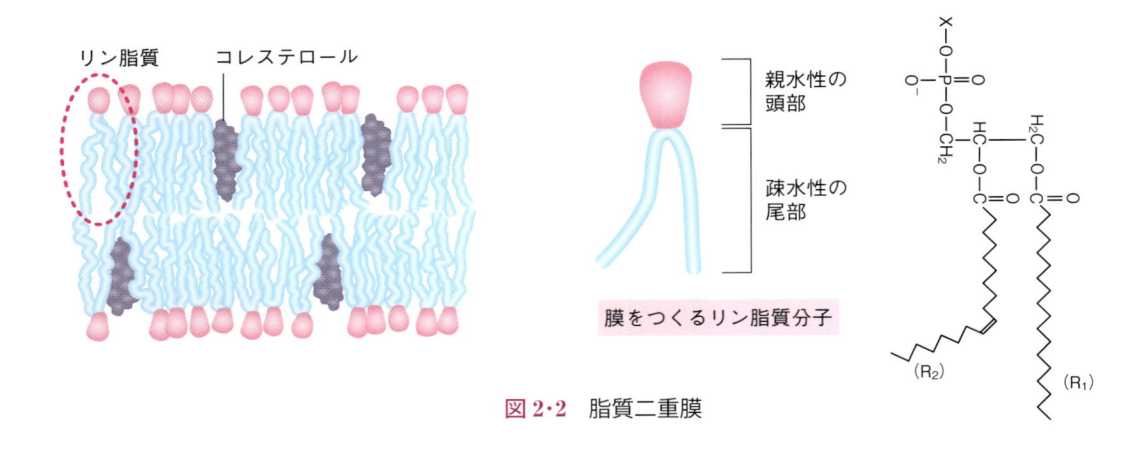

図2·2　脂質二重膜

　　細胞膜は流動性に富む。膜にはコレステロール，さらにはいくつかのタンパク質が埋め込まれていて，これは**膜タンパク質**とよばれる。膜タンパク質にはいろいろ種類があるが，ここでは，チャネル（チャンネル），トランスポーター，ポンプとよばれる，膜の物質通過に関係する膜タンパク質について触れる（**図2·3**）。
　　チャネルはいわば門のようなもので，物質の通過を制御するタンパク質である。チャネルが開くと物質は通過でき，閉じていると通過できない。**トランスポーター**もチャネル同様，細胞膜の通過の制御を行っているが，チャネルと違っ

て移動する物質と結合し，構造が変化することで物質の通過を可能にしている。以上の2つは，基本的には物質の濃度の高い方から低い方に移動する。このような移動は**受動輸送**とよばれる。一方，**ポンプ**はエネルギー（ATP）を使い，濃度の低い方から高い方（つまり化学平衡と逆行する方向）に物質を移動させる。これを**能動輸送**とよぶ。以上のような膜タンパク質は，細胞膜に固定されているのではなく，膜の中を移動することができる。

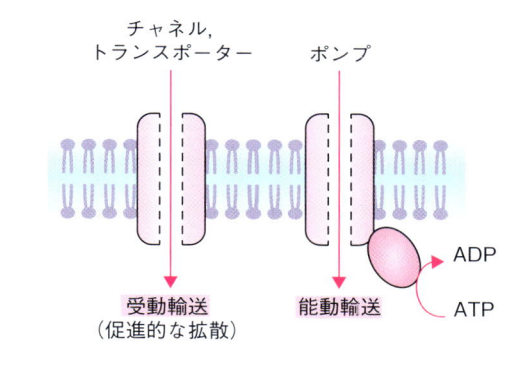

図 2・3　膜タンパク質の種類

2章
細胞

2・2　細胞内に存在する構造：細胞小器官

2・2・1　細胞質基質

　細胞の中を満たしている液体を**細胞質基質**とよぶ。細胞質基質にはタンパク質などさまざまな物質を含んでいて，物質の**代謝**が行われる場でもある。

2・2・2　核

　核には染色体が格納されている（**図 2・4a**）。核は通常球状であり，核膜に覆われている。この膜は脂質二重膜がさらに二重になっていて，外側の膜は後述する小胞体とつながっている。こういった膜は細胞膜と基本的には同じ構造である（そのため，このような膜は細胞膜とあわせて**生体膜**とよばれる）。その理由は別の章で説明する。

　核には穴（**核膜孔**）があいていて，タンパク質の行き来ができる。しかし，どんなタンパク質でも通過できるのではなく，いわゆる「通行手形」が必要である。これを**核移行シグナル**とよび，タンパク質の一部分に含まれている。

2・2・3　小胞体とゴルジ体

　小胞体は，細胞の中の生体膜の半分近くを占める大きな細胞小器官である。それにもかかわらず「小胞」体とよばれるのはなぜかというと，小胞体はくびり取られて小胞となるからである。くびり取られた小胞体は細胞のさまざまな場所に移動する。小胞体には，粗面小胞体と滑面小胞体の2種類がある。粗面

(a)

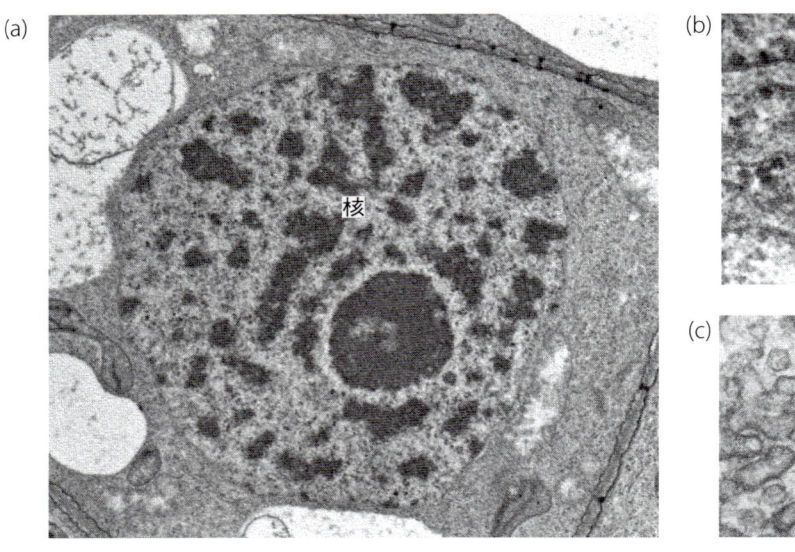

核

(b)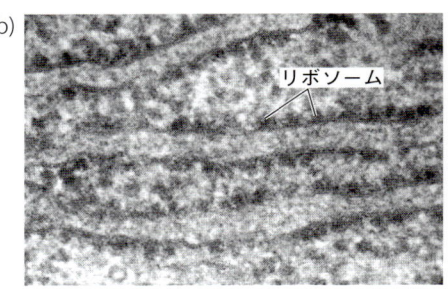

リボソーム

(c)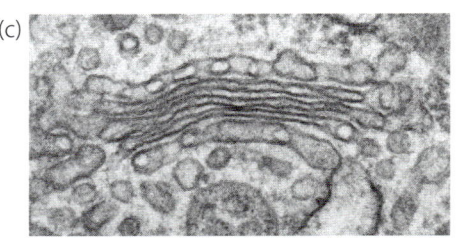

図 2·4　核・小胞体・ゴルジ体の構造
(a) 核，(b) 粗面小胞体，(c) ゴルジ体
（写真提供　(a) 加藤美砂子博士，(b)(c) 駒崎伸二博士）

小胞体は字のとおりざらざらしたように見える（**図 2·4b**）。これは**リボソーム**で，つまり粗面小胞体の表面ではタンパク質の合成（翻訳）が行われている。一方，滑面小胞体はリボソームの付着がなく，主に脂質の合成や Ca^{2+} イオンをため込むことに利用される。特に Ca^{2+} イオンは神経や筋肉における情報伝達や機能の発揮と深く関係しているが，それについては後述する。

　ゴルジ体は，扁平な袋状の構造が何層にも重なったような構造をしている（**図 2·4c**）。リボソームで合成されたタンパク質は小胞によってゴルジ体に運ばれ，ゴルジ体の中で糖などの修飾が行われ，再度小胞に詰め込まれて必要な場所に運搬される。なお，小胞体の膜もゴルジ体の膜も，やはり細胞膜と同じ成分である。

2·2·4　ミトコンドリア

　ミトコンドリアは内部に層状の構造をもつ細胞小器官で，細胞呼吸の場である（**図 2·5**）。内膜と外膜があり，外膜は物質の透過性が高い。一方，内膜は内側にくぼんで**クリステ**とよばれる構造を形成している。クリステには，呼吸の電子伝達系が存在しており，内膜の内外の水素イオンの濃度差を利用して ATP が合成されている（➡ 5·2·3 項）。内膜の内側には**クエン酸回路**（TCA 回路）に参加するさまざまな酵素が含まれていて，回路が働く場となっている。

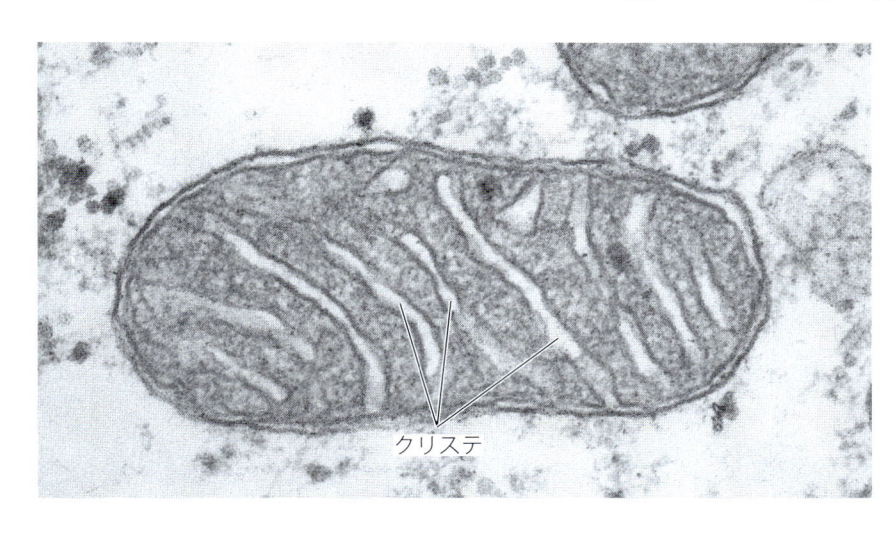

図2·5　ミトコンドリアの構造
（写真提供：駒崎伸二博士）

2·2·5　葉 緑 体

　葉緑体はミトコンドリア同様，内部に層状の構造をもつ小器官であり，光合成の場である（**図2·6**）。内部の扁平な層状の小胞は**チラコイド**とよばれ，それが重なってできた構造を**グラナ**という。チラコイドの膜にはさまざまな色素が埋め込まれていて，光合成の重要な反応が行われる（➡ **5·5節**）。

　葉緑体は，色素体とよばれる一連の細胞小器官の1つであり，白色体やアミロプラストといった他の色素体もある。

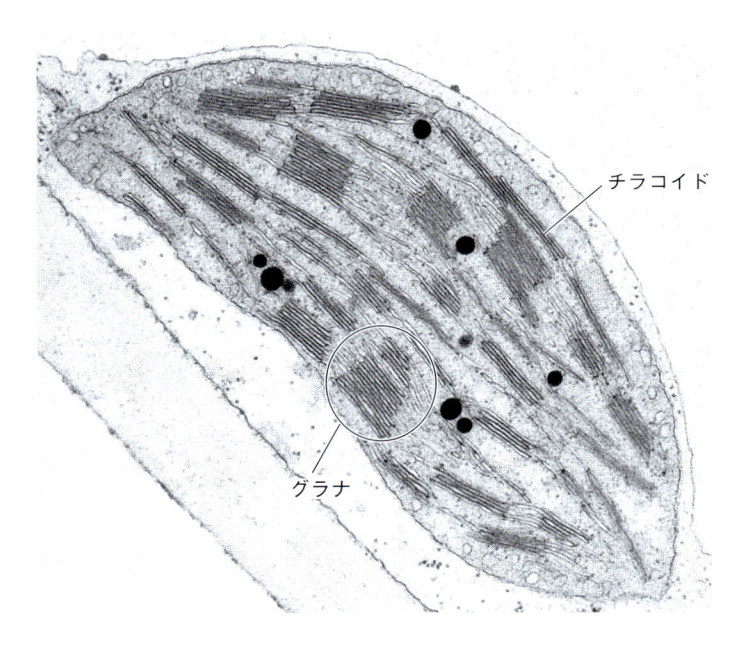

図2·6　葉緑体の構造
（写真提供：加藤美砂子博士）

2·2·6 その他

液胞は植物細胞においてよく見られる構造である。かつては単なる空胞のようにみなされることもあったが、現在ではさまざまな役割があることが明らかになりつつある。関連する構造としては**リソソーム**がある。この中には加水分解酵素が含まれていて、物質の消化を行う。

細胞壁はセルロースなどの多糖類で構成されていて、植物や細菌の一部に存在する。骨をもたない植物では、細胞壁は乾燥から身を守るだけでなく、個体の物理的な強度を保つためにも重要である。

細胞を観察するさまざまな顕微鏡

現在の生物学研究において、微小な物体を観察することができる顕微鏡は欠かすことができない。最初の顕微鏡観察は諸説あるが、有名なのはレーウェンフックによる、微生物の発見である。それ以降、さまざまな生物の観察が広く行われてきた。

現在用いられている顕微鏡を簡単に説明する。もっともポピュラーなのは光学顕微鏡である。接眼レンズ・対物レンズと透過光によって微小な物体を観察するものである。もっとも大きな弱点は、光をまったく通さない物体の観察はできないことである。一方、実体顕微鏡は対象物が必ずしも光を通さなくても、人間が目でみるような使用感で微小な物体を観察できる。ただし、一般的には拡大率は限られている。光を通す対象物の観察は光学顕微鏡によって可能だが、無色透明の場合、観察は難しい。このようなとき、位相差顕微鏡が役に立つ。位相が異なる光が物体に入射したとき、物体の中の物質の屈折率が異なると、明暗に差が出る。これを利用すると、透明（細胞は透明であることが多い）な物体を見ることが可能となる。

以上は、可視光を光源に用いるが、可視光はさまざまな波長の光が混ざっているので、特別な色だけを見ることは難しい。例えば緑色蛍光タンパク質（GFP）は、青い光を照射することで緑の光を発することができる。このように、ある決められた蛍光だけを観察することができる顕微鏡が蛍光顕微鏡である。その延長として、可視光の代わりにレーザーを用いたレーザー顕微鏡、ある1つの焦点だけの蛍光を捉えることが可能な共焦点顕微鏡は、現代の生命科学者がよく利用する顕微鏡である。

また、顕微鏡は原理的に、照射する光の波長より小さい物体を見ることができない。その弱点を克服したのが、光より短い波長である電子線（可視光は約 400 〜 700 nm、X線は 1 nm 前後）を使った電子顕微鏡である。これによって、本文で触れた細胞小器官をはじめとするさまざまな微細構造が明らかとなった。ただ、電子顕微鏡の観察時は細胞を真空状態にする必要があり、構造の破壊が問題であった。最新の研究で用いられるクライオ電子顕微鏡は、低温下の電子顕微鏡観察を行うことで、より生体に近い状態での観察が可能になった（2017年、この技術にノーベル賞が与えられた）。

現在、他にもさまざまな顕微鏡が開発され、新しい知見の発見に貢献している。人間にとって、「見えること」はやはり大事なのである。

2 章の練習問題

問1 ___ の中にあてはまるもっとも適当な語句を，以下のア～コより選べ。

生体膜を構成する成分であるリン脂質は，親水性の ___①___ 部と疎水性の ___②___ 部から構成され，互いに ___③___ 部を向けて並ぶ。生体膜にはさまざまなタンパク質が埋め込まれている。物質の通過に関わる膜タンパク質としてチャネル，ポンプ，トランスポーターがあるが，このうち ATP を必要とするものは ___④___ である。細胞膜で囲まれた中にはさまざまな細胞小器官がある。小胞体には粗面小胞体と滑面小胞体があり，リボソームが結合しているのは ___⑤___ 小胞体である。ミトコンドリアには内膜と外膜があり，内膜は内側にくぼんで ___⑥___ という構造を形成している。

ア：尾，イ：頭，ウ：チャネル，エ：トランスポーター，オ：ポンプ，カ：滑面，キ：粗面，ク：チラコイド，ケ：クリステ，コ：グラナ

問2 核とそれにつながる小胞体について，膜の数とつながりに留意しながら図示せよ。

2 章

細胞

3章 タンパク質
― 生物をつくる材料 ―

　タンパク質は，私たち生物に必須の物質であることは言うまでもない。単に生物のからだを構築するということだけでなく，さまざまな生命活動を行うために働く制御物質としても重要な役割を果たす。

　この章では改めて，タンパク質とはいったい何なのか，どのような形をしているのか，そしてそれがどのように働くのかについて説明していきたい。

高校「生物基礎」で学んだこと

- タンパク質はアミノ酸が連なってできている。タンパク質に用いられるアミノ酸は主として 20 種類である。
- アミノ酸の並びは，さらに立体構造をつくり，さまざまな機能を発揮する。
- 酵素もまたタンパク質である。酵素は化学反応を触媒するはたらきがある。

3・1　アミノ酸が連なってタンパク質ができる

　このことはすでに高校でも学習済みだと思うが，復習のため改めて概略を説明する。タンパク質の構成単位は**アミノ酸**である。アミノ酸は，炭素原子（C）に**アミノ基**（-NH$_2$），**カルボキシ基**（-COOH）がつながった分子であり，あとは水素（-H）以外に**側鎖**とよばれる部分が連結されている。タンパク質を構成するアミノ酸は 20 種類あるが，この違いは側鎖の違いによる（**図 3・1a**）。もっとも簡単な構造のアミノ酸はグリシンで，側鎖は水素である。つまり，C のまわりに H が 2 つ，NH$_2$ が 1 つ，COOH が 1 つ連結した構造になっている。

　さて，タンパク質はアミノ酸の連なりであると説明したが，どのようにつながっているのだろうか。答えは想像通りアミノ基とカルボキシ基であり，アミノ基の H とカルボキシ基の OH が脱水縮合している（**ペプチド結合**とよぶ）（**図**

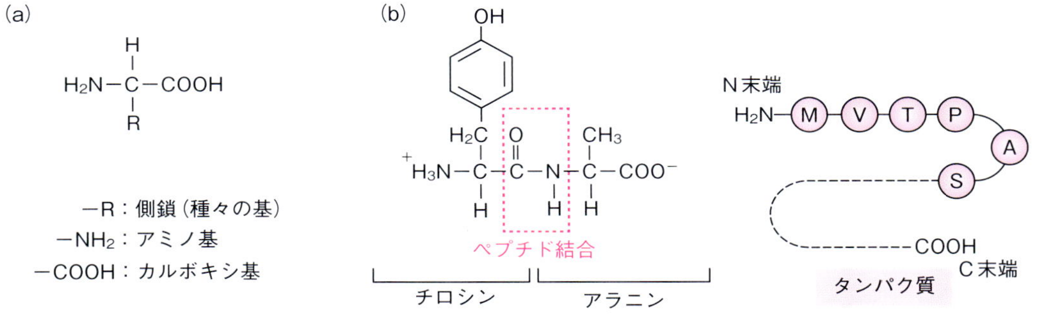

(a)

H₂N−C−COOH

−R：側鎖（種々の基）
−NH₂：アミノ基
−COOH：カルボキシ基

(b)

$H_3\overset{+}{N}-\overset{H}{\underset{H}{C}}-\overset{O}{\underset{}{C}}-\overset{}{\underset{H}{N}}-\overset{CH_3}{\underset{H}{C}}-COO^-$

ペプチド結合

チロシン　　アラニン

N末端
H₂N−(M)−(V)−(T)−(P)−(A)−(S)
−−−−−COOH
C末端

タンパク質

図 3·1　アミノ酸の基本構造

3·1b）。4 章で述べる遺伝情報の翻訳によってつくられるタンパク質は，遺伝情報の順番に並べると，情報の最初につなげられるアミノ酸のアミノ基は必ず他のアミノ酸とつながっていない状態で，最後につなげられるアミノ酸のカルボキシ基もやはり他のアミノ酸とつながっていない。このため，タンパク質の方向は，アミノ基からカルボキシ基に向かって，という考え方になるが，いちいちこのように言うと面倒なので，「N 末端」から「C 末端」に，という言い方をする。

　20 種類のアミノ酸をここではごく簡単に，いくつかの種類に分けてみよう（図 3·2）。まず，側鎖がどのような電荷をもっているかで分類することが一般的である。例えば先にでてきたグリシンは側鎖に電荷をもたない。一方，アスパラギン酸（側鎖は -CH₂COOH）は，側鎖の先端のカルボキシ基の H⁺ がとれて COO⁻ となってるので，**負電荷**をもっている。また，リシン（側鎖は-CH₂CH₂CH₂CH₂NH₂）は側鎖の先端のアミノ基に H⁺ が付加され NH₃⁺ の状態になるため，**正電荷**を帯びている。電荷を帯びる，というのは，タンパク質にとってどういう意味があるのだろう。磁石の N 極と S 極を考えればわかるように，プラス同士，マイナス同士は反発し合い，プラスとマイナスは引きつけ合う。つまり，後述するように，アミノ酸の立体構造をつくる上で，正・負の電荷とアミノ酸の反発・引きつけあいが重要な要素となるのである。

　それ以外に特徴的なこととしては，多くのタンパク質の N 末端のアミノ酸が**メチオニン**であることだろう。その理由は，最初にリボソームに取り込むことができるアミノ酸がメチオニンであるからである。その理由は 4·4 節で触れる。

3·2　タンパク質は立体構造をもっている

　先に述べたように，タンパク質はアミノ酸の「連なり」である。しかし，実

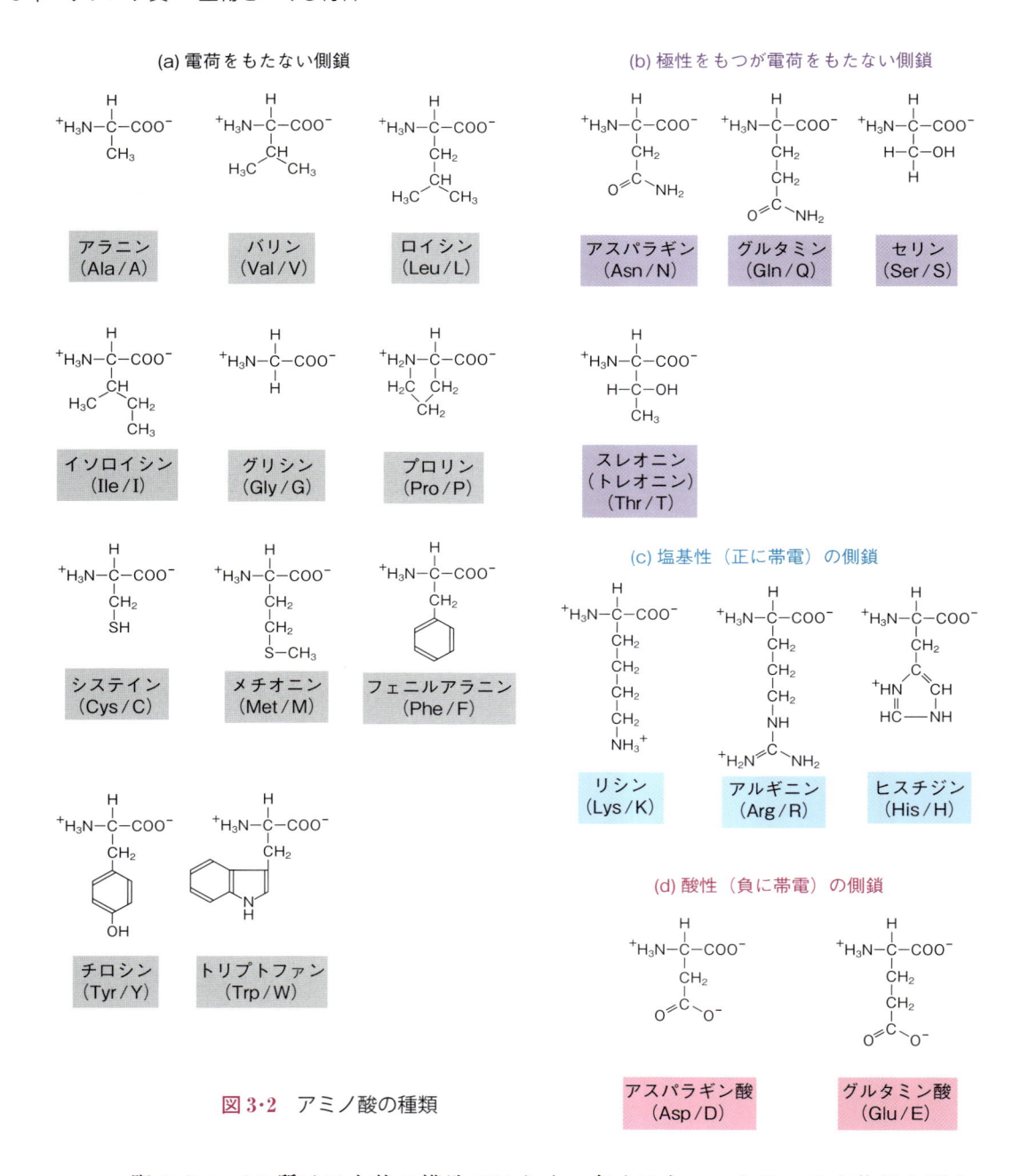

図 3·2　アミノ酸の種類

　際のタンパク質はひも状の構造ではなく，多くは丸い，あるいは立体的な形をしている。その理由（の1つ）は，先ほどから説明しているアミノ酸の側鎖の電荷にある。ここで，理解の助けのため，丸い磁石を100個ほどひもでつないだ数珠みたいなものを想像しよう（図3·3）。

　これを長いひもの形のままで保つことはできるだろうか。お互いがぺたぺたくっつき，とてもひものままで保つことはできないだろう。極端に言うとタン

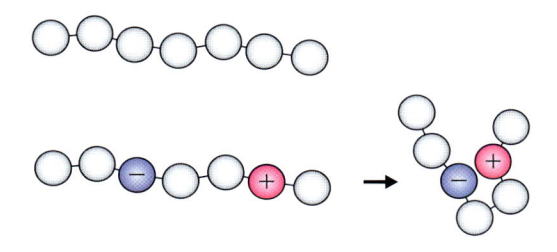

図3·3 アミノ酸の電荷とタンパク質の形

3 章
タンパク質

パク質も同じで，あるアミノ酸同士はくっつき，別のアミノ酸同士は反発しあう，ということがある。しかも，さっきは「ひも」で連結した磁石を想像したが，実際はもう少し硬く連結されている。他にも，疎水性の凝集力やアミノ酸同士のごく弱い結合などさまざまな条件を満たし，タンパク質はもっとも安定な構造をとるのである。とはいえ，まわりの環境（水の中かどうか，水溶液に何が溶けているか，温度は何度かなど）の違いによって，タンパク質の形は微妙に変化する。つまり，少しファジーなのである。そのこともあり，現在でもなお，タンパク質の立体構造をコンピューター計算だけで明らかにするのは簡単ではない。

　さて，タンパク質の立体構造の一部には，特徴的な形をしている部分がある（**図3·4**）。例えば，ヘリックス（らせん）状の構造をしていたり，シート状の構造をとっている。こういった構造は，**二次構造**とよばれる。らせん状の構造はαヘリックスとよばれ，例えばDNAに結合するタンパク質では，DNAの二重らせんの溝にはまり込む丸い棒のようなイメージに捉えることができる。タンパク質の全体の構造を**三次構造**，複数のタンパク質が集まってできた複合的な構造を**四次構造**とよぶ。

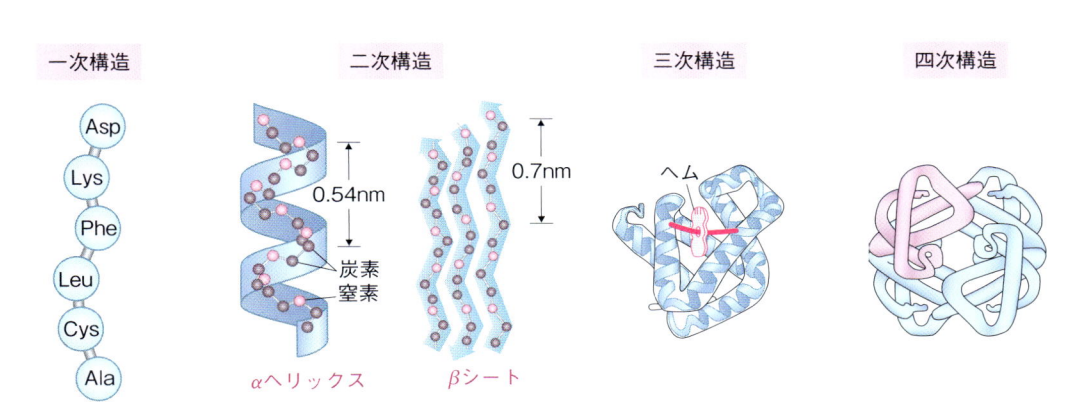

図3·4 タンパク質の立体構造
三次構造はミオグロビン，四次構造はヘモグロビン

3·3　タンパク質の機能

　ここまではタンパク質の構造について説明した。以降はタンパク質の機能について考えたい。いったい，タンパク質の「機能」とは何なのだろうか。タンパク質を機能の面からごく大ざっぱに分けると，構造タンパク質，酵素，調節タンパク質の3つとなろう。ただこの分類は，厳密な分類というよりは，考え方として捉えてほしい（**図3·5**）。

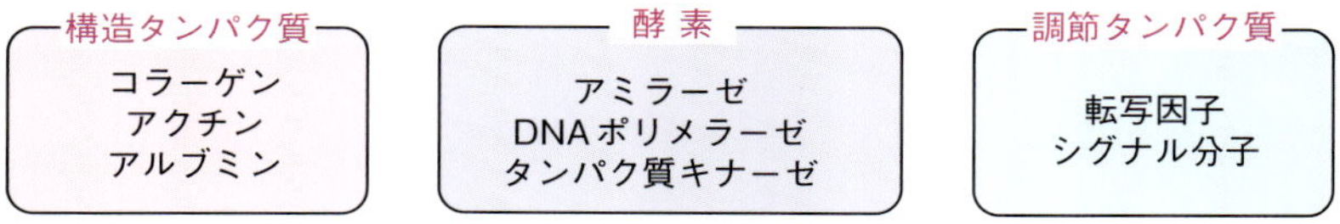

構造タンパク質

コラーゲン
アクチン
アルブミン

酵　素

アミラーゼ
DNAポリメラーゼ
タンパク質キナーゼ

調節タンパク質

転写因子
シグナル分子

図3·5　タンパク質のさまざまな働き

3·3·1　構造タンパク質

　構造タンパク質とは，からだや細胞の形を構築するタンパク質のことである（➡6章）。アクチンや微小管といった細胞骨格，コラーゲンなどの細胞外マトリックス，リボソームタンパク質，血液の構成成分であるアルブミンなど，さまざまなものがある。

3·3·2　酵素タンパク質

　酵素は，生体内のさまざまな生体反応を触媒するタンパク質である。酵素は，さまざまな観点でさらに分類が可能である。例えば膜タンパク質であるか，可溶性の酵素であるか，どのような化学反応を触媒するか，といった具合である。
　現在，すべての酵素は国際生化学連合の酵素委員会（Enzyme Commission, EC）が決めるEC番号で分類されるが，これは大きく6種類に分けられる（酸化還元酵素，転移酵素，加水分解酵素，脱離酵素，異性化酵素，合成酵素）。ちなみに，名前は…ase（アーゼ）が末端に付けられることが多い。酵素の反応の仕組みなど詳しいことは本章の後半で述べる。

3·3·3　調節タンパク質

　調節タンパク質もさまざまな種類に分けることができる。例えば，核内で遺伝子の転写を促進するようなタンパク質は，DNAに結合するかどうかでスイッチの役割を果たす（➡4·3節）。ただし，それ自体は酵素のように基質の化学的

な性質を変化させるような機能はもたない。なお，核内でDNAの転写に関わる調節タンパク質の中には，転写調節因子だけでなく，ヒストンタンパク質も含めるべきである。

　また，インスリンやアドレナリンなどのホルモン，神経伝達物質は，受容体と結合することで細胞の振る舞いを調節するという点で調節タンパク質といえる。

3・3・4　その他の機能タンパク質

　その他，上記3つの分類のどれにも当てはまらないタンパク質も多く存在する。例えば，体内に多く存在する免疫グロブリン（タンパク質）も，やはり上記の分類群に含めることは難しい。

3・4　タンパク質と酵素反応

　上述の通り，**酵素**は体内の化学反応を触媒するタンパク質である。私たち生物のからだを構成する化学物質は，少なくとも数千種類あるといわれているが，これらをすべて体外から供給することは不可能であろう。また，効率も悪い。そこで，比較的少ない物質を取り込んだあと，それを元にして（これを**基質**という）化学反応によって物質を変化させ（**生成物**という），必要なものを体内でつくり出してから利用する。そのため，それを行うための酵素も数多くの種類が必要となる。

　酵素のもっとも重要な特徴は**基質特異性**と**反応特異性**である（**図3・6**）。1つの酵素が触媒する基質は厳格に決められていて，それ以外の基質とは結合しない。「鍵と鍵穴」の関係は，抗原抗体反応と並び，基質特異性を表す言葉としてよく使われる。また，1つの酵素が担当する反応も決められており，それ以外の

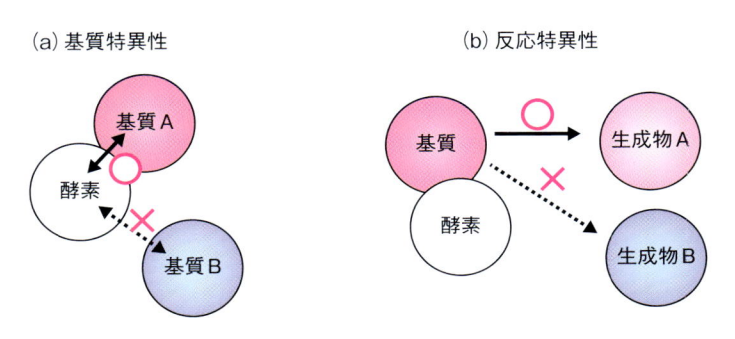

図3・6　酵素の基質特異性・反応特異性

反応は決して起こらない。これが反応特異性である。

　酵素反応はどのようにして起こるのだろうか。基質が酵素に取り込まれると，弱い結合で基質が酵素内に保持される。すると，例えば通常では近づけない2か所が無理に近づいたり，逆に離れたりと，基質の形が変化することで反応性が上がり，官能基の修飾，原子の結合の変化，基質の切断など，さまざまな化学反応が触媒される。場合によってはエネルギーが使われることもある。酵素の中で，このような化学反応が起こる部分を**反応中心**（活性中心，活性部位）とよぶ。

　酵素の活性の強弱を示す指標として，**反応速度**がよく用いられる。酵素と基質の対応関係は決まっているので，酵素の量に対して基質の量がごく少ない場合は，単位時間あたりにできる反応生成物の量は基質の量に依存する。基質の量を増やしていくと，反応生成物の量も増えていき，ある量を越えると，それ以上基質を加えても酵素の処理が追いつかなくなり，単位時間あたりの反応生成物の量は頭打ちになる。

　そのような様子は**図3·7**のようなグラフにすることができる。縦軸の反応速度は，単位時間あたりにできる生成物の量と考えてよい（まさに反応の速度である）。このグラフの立ち上がりは，酵素の能力に依存する。つまり，同じ基質の量を加えても，酵素の能力が弱いと単位時間あたりの生成物の量は増えづらくなる。グラフの$1/2\ V_{\max}$（$V_{\max}$は酵素の能力の最大値，$1/2\ V_{\max}$はその半分）に対応する基質の量（K_{m}とよばれる）は，酵素活性の指標となるわけである。ちなみに，酵素活性は基質と酵素の結合と大きく関係するので，K_{m}値は酵素に限らず，タンパク質とタンパク質との結合の強さを示す指標にもよく用いられる（K_{m}が小さい方が結合力が強いとされる）。

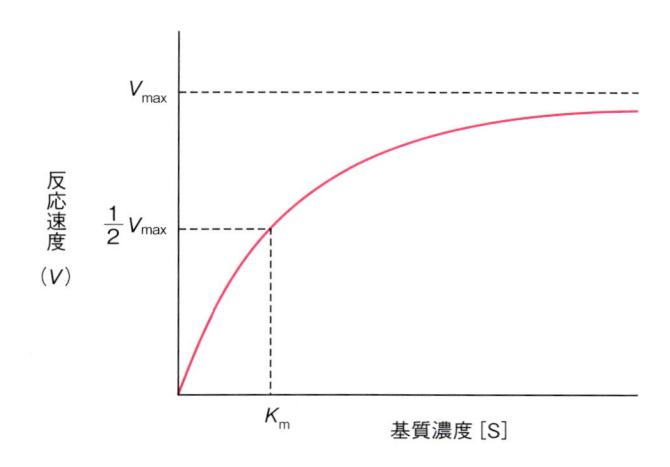

図3·7　酵素の反応速度

酵素反応（図 3・7）を計算式で表現する

酵素（enzyme）を E，基質（substrate）を S，生成物（product）を P とする。酵素と基質を混ぜると両者がくっつき，生成物がつくられること（酵素は変化しない）を式であらわすと

$$E + S \rightleftharpoons ES \longrightarrow E + P$$

となる。$E + S \rightleftharpoons ES$ の部分は，基質と酵素がくっついたり離れたりしているので矢印は両向きに書いてある。$ES \longrightarrow E + P$ の部分は本来 $ES \longrightarrow EP \rightleftharpoons E + P$ と書くべきだが，$EP \longleftarrow E + P$ はほとんど起こらず，右向きのみの反応がすぐ起こるものとしてここでは無視する。

反応の速さ（単位時間あたりにできる生成物の濃度）を V とする。ES 状態にある濃度を [ES] とし，酵素反応の速度定数を k_{cat} とすると，
$V = k_{cat}$ [ES]　が成り立つ。

この式には 3 つの矢印があり，それぞれの速度定数を k_1, k_{-1}, k_{cat} とする。

$$E + S \underset{k_{-1}}{\overset{k_1}{\rightleftharpoons}} ES \overset{k_{cat}}{\longrightarrow} E + P$$

反応の時間がある程度経過した状態では，ES ができる速度と，ES から P がつくられる速度と ES から S が離れる速度の和が一致するので，

$$k_1[E][S] = k_{-1}[ES] + k_{cat}[ES]$$

全体の酵素の量を E_0 としたとき，$[E_0] = [E] + [ES]$ なので，
$[ES] (k_{-1} + k_{cat}) = k_1[E][S]$ より

$$[ES] = \frac{k_1}{k_{-1} + k_{cat}} [E][S] = \frac{k_1}{k_{-1} + k_{cat}} ([E_0]-[E_S]) [S]$$

$(k_{-1} + k_{cat}) / k_1 = k_m$ と定義すると，
$[ES] = (1/k_m)([E_0] - [ES]) [S]$
$[ES]/[S] = (1/k_m)([E_0] - [ES]) = (1/k_m)[E_0] - (1/k_m)[ES]$
$[ES](1/[S] + 1/k_m) = (1/k_m)[E_0]$

$$[ES] = \frac{[S][E_0]}{k_m + [S]}$$

となる。
ここに $V = k_{cat}$ [ES]　（つまり $[ES] = V/k_{cat}$）を代入すると，

$$V = \frac{k_{cat}[S][E_0]}{k_m + [S]}$$

（いわゆるミカエリス・メンテン式）

反応が定常状態になると，本文の図 3・7 のように $V = V_{max}$ となる。このときはすべての酵素が反応に参加していると考えられ $V_{max} = k_{cat}[E_0]$ と考えてよいので，

$$V = \frac{V_{max}[S]}{k_m + [S]}$$

が成り立つ。

さて，ここで図 3・7 のグラフを見てみよう。$1/2\,V_{max}$ を与える基質濃度 $[S]$ を k_m とした。これを先ほどの式の左右に代入してみると，

（左辺）$= 1/2\,V_{max}$

（右辺）$= V_{max}\,(k_m)/(k_m + k_m) = V_{max} \cdot k_m/2k_m = 1/2\,V_{max}$

となり，ちゃんと式の左右が一致する。

また，$V = V_{max}[S]/(k_m + [S])$ の V がどの値に収束するかは，

$\lim_{[S]\to\infty}(V) = \lim_{[S]\to\infty}(V_{max}[S]/(k_m+[S])) = \lim_{[S]\to\infty}(V_{max}/((k_m/[S])+1)) = V_{max}$ となり，やはり図 3・7 の通りの結果が導き出される。

酵素反応論における式から，酵素の活性の強弱，基質濃度との関係などがよりはっきりわかる。これは大学教養の教科書で必ず出てくるものであるが，本書では敢えてコラムで触れることにした。きちんと酵素反応について理解を深めたい方は，このコラムでの式の変形を再度自分でやってほしい。

3・5　酵素活性の調節

酵素は，さまざまな周囲の状況によって活性が変化する。例えば温度や pH が挙げられる。酵素反応も化学反応の一種であることから，温度が高ければ高いほど酵素活性が上昇しそうだが，そうではなく，酵素をもつ生物自体の至適生育温度が酵素の至適温度であることが多い。そのため，温度が上がりすぎると，酵素タンパク質の構造が変化してしまい，酵素活性が失われてしまう。pH についても同じで，適切な pH の範囲を外れた反応条件においては，やはり酵素タンパク質の構造が変化して酵素活性は失われる。ちなみに，胃で働くペプシンは胃酸のような強酸性の条件で働く，といったように，適切な pH は必ずしも中性であるとは限らない。

次に，酵素反応の調節の方法について，いくつかの種類があるので説明する。1 つ目は**アロステリック調節**である（図 3・8a）。アロステリック調節というのは，ある酵素において，反応中心以外に他の調節物質の結合部位があり，そこに調

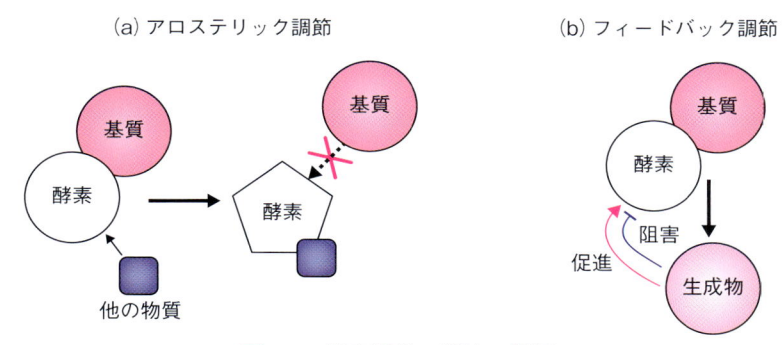

(a) アロステリック調節　　　　　　(b) フィードバック調節

図 3・8　酵素活性の調節の種類

節物質が結合することで酵素活性が上昇したり減少したりする調節である。特に，活性が減少する場合は**アロステリック阻害**とよばれる。

　フィードバック調節は，反応生成物，あるいはそれによって新たにつくられる物質が元の酵素に結合し（あるいは働きかけ），酵素の活性を調節する機構である（**図 3・8b**）。これが阻害的に働く場合は**フィードバック阻害**とよばれ，そのようなフィードバック機構はネガティブフィードバックとよばれる。場合によっては，生成物が酵素の活性をさらに上昇させるポジティブフィードバックが起こることもある。

　いずれにせよ，酵素活性は常に一定なのではなく，他の因子の影響を受けて常に調節されている。

3章の練習問題

問1　以下のアミノ酸は (1) 正電荷をもつ，(2) 負電荷をもつ，(3) 電荷をもたない，のどれに相当するか，答えよ。

　グリシン，リシン，セリン，アスパラギン酸，プロリン

問2　タンパク質の二次構造として知られる 2 つの構造は何か。また，タンパク質の四次構造とは何か，説明せよ。

問3　酵素について，以下の問いに答えよ。
(a) 酵素のもっとも重要な特徴を 2 つ挙げよ。
(b) 酵素反応におけるアロステリック調節とはどのようなものか，簡単に説明せよ。

4章 DNA とゲノム
― 生物を生みだす情報 ―

　遺伝情報を担う DNA は，どのような構造で，どのように複製し，どのように発現しているか。また，それらが細胞に収められているゲノムとは？　これらについて，その意味づけも含めて理解していこう。

> **高校「生物基礎」で学んだこと**
>
> ・遺伝情報は DNA（デオキシリボ核酸）が担っている。
> ・DNA の単位はヌクレオチド。ヌクレオチドは糖（DNA の場合はデオキシリボース），塩基とリン酸からできている。
> ・DNA は二重らせん構造をとっている。
> ・塩基は 4 種類，ACGT。A と T，C と G が特異的に結合する。これを相補性という。
> ・DNA の複製は細胞分裂にさきがけて起こる。2 本鎖のうちの 1 本は必ずもともとの鎖。これを半保存的複製とよぶ。
> ・RNA も糖，塩基，リン酸からできているが，糖はデオキシリボースではなくリボース。塩基は T のかわりに U が使われる。RNA も相補鎖を形成することができる。
> ・相補性を利用した，DNA から mRNA（メッセンジャー RNA）への写し取りを転写という。
> ・mRNA の情報をもとにアミノ酸が連結されてタンパク質ができることを翻訳という。
> ・配偶子に入っている，生命活動に必要な遺伝情報の 1 セットをゲノムという。

4・1　DNA の構造

　私たちのからだをつくるための情報は **DNA** がもっている。DNA は 4 種類の**ヌクレオチド**がつながってできた鎖状の構造で，ヌクレオチドは塩基，糖，リン酸という 3 つの部分からできている。ここで，ヌクレオチドの構造を詳しく

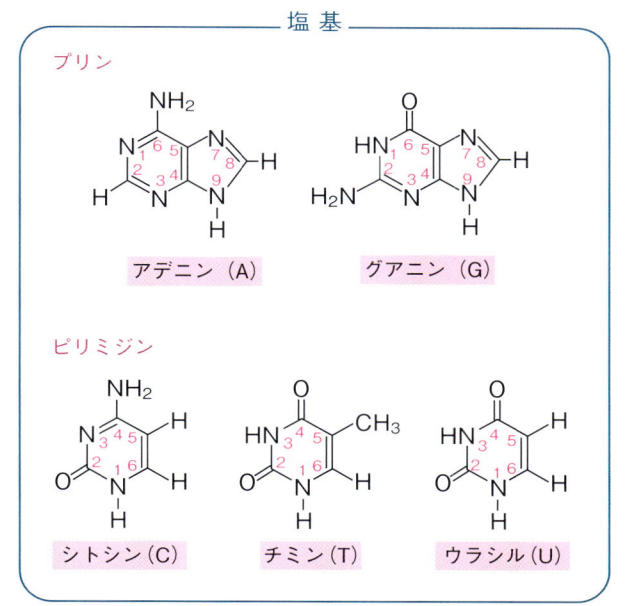

図4·1　ヌクレオチドの構造
ここではデオキシリボヌクレオチド（DNAの単位）を示している。RNAの
単位であるリボヌクレオチドは赤字のHがOHとなる（p.30）。

見ていく（**図4·1**）。

　まずは塩基について，4つの塩基がもつ特徴を，分類によって考えてみる。相
補性という視点からは，AとT，GとCに分けることができる。また，化学構
造からは，環状構造を2つもつAとG（これを**プリン**という），環状構造が1つ
のCとT（これを**ピリミジン**という）と分類することでもできる。次に糖の構
造を見る。DNAの糖は，炭素原子を5つもっていて，それぞれの炭素に番号が
つけられている。図のように，5番目のC（5位のC，あるいは5′（5ダッシュ，
またはプライム）とよぶ）にはリン酸が，3番目（3位，3′）のCにはOHがつ
いている。ちなみに2位のCには3位とちがってOHではなくHがついているが，
DNAを「デ」オキシリボ核酸という理由は，ここの「オキシ（＝酸素）」が「デ
（＝無い）」だからである。DNAは，3位のOHがはずれ，5位のリン酸基とつ
ながる（これを**ホスホジエステル結合**とよぶ）。最後はリン酸である。核酸が「酸」
である理由は，リン酸基がイオン化していて負電荷をもっているからである。

　DNAの構造で重要なことは鎖の「方向性」である。この章では「**5′ → 3′**」
というキーワードが何度も出てくるが，このあと出てくるDNAの複製，転写を
正しく理解するためにも重要なのでしっかり理解してほしい（**図4·2**）。

　DNAは2本の鎖が向き合っている。転写でmRNAを写し取るときの鋳型と
なる鎖を**アンチセンス鎖**とよぶ。しかし，遺伝子の向きはもう一方の鎖，**セン**

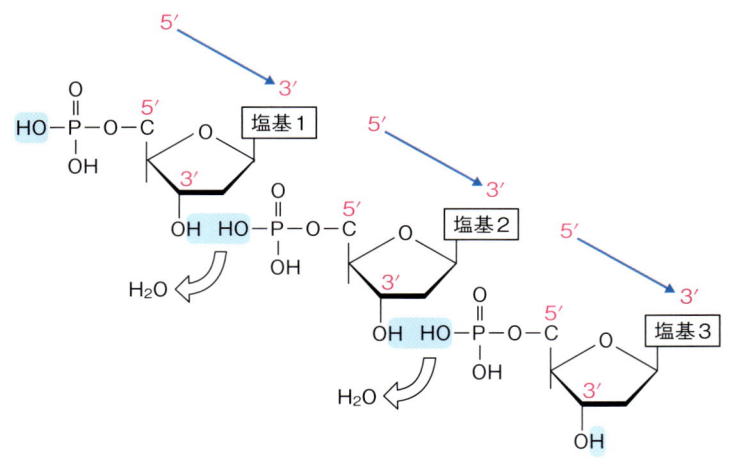

図4・2　DNA鎖の「方向」

ス鎖の方向で表現される。この点は，図4・2でしっかり確認してほしい[4-1]。

　2本鎖を保っているのは，何度も出てきた，塩基の相補的な結合による。**図4・3**に示すように，AとT，GとCは水素結合で結合している。よく見ると，AとTは2か所，GとCは3か所で水素結合している。AとG・Cとが相補的に結合できないのは，この「手」の数が違うためであるとわかるだろう。ちなみに，結合の強さも水素結合の数と関係していて，A-TよりG-Cの方が強い（図4・3）。蛇足かもしれないが，AとAは手の数が同じなのにもかかわらず相補的に結合できないのは，どちらも手の長さが長い（＝どちらの塩基も環を2つもつ）からである。

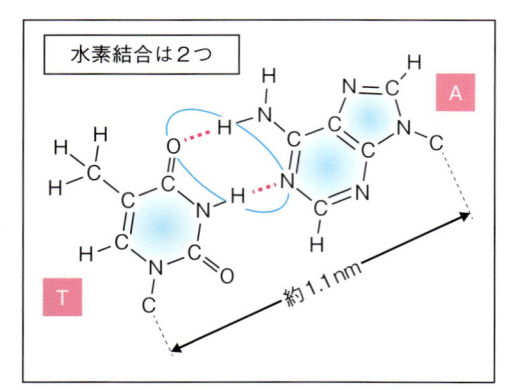
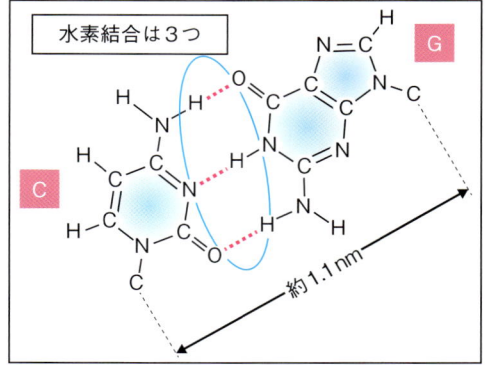

図4・3　A-T，G-Cの相補的結合

[4-1]　なので，どの方向に転写されるかをアンチセンス鎖の方向で考えると，実は向きは3′→5′となる。

4・2　DNA の複製

　細胞は分裂する前，それぞれの細胞に分配するため DNA をあらかじめ 2 倍に増やしておかねばならない（細胞分裂・周期は 8 章で説明する）。このとき，当たり前であるが，まったく同じものを 2 セットつくり出す必要がある。これを **DNA の複製**とよぶ（**図 4・4**）。

　複製はどのような仕組みによって行われるのだろうか。ここでも重要なのは相補性である。2 本鎖のお互いがお互いの手本になれる。このことは，鎖の 1 本がおかしいときに簡単に修正できるという点でも，とても重要である。

　さて，DNA を複製するのは何だろうか？　DNA の複製は，**DNA ポリメラーゼ**という酵素が担っている。「ポリ」は同じものの繰り返しの意味で，つまり同じもの（＝ヌクレオチド）を繰り返し連結する酵素，ということである。DNA ポリメラーゼが動く方向は，5′ から 3′ で，逆方向にヌクレオチドを連結することはできない（その理由は省略）。これが先ほど触れた「方向性」にもつながる。

　複製のとき，DNA の 2 本鎖は同時に連結反応が起こるが，ここで 1 つ問題がある。2 本鎖は 5′ → 3′，3′ → 5′ の鎖が逆向きに並んでいるので，5′ から 3′ にしかヌクレオチドを連結できない DNA ポリメラーゼが，2 本の DNA 鎖を一方向に同時に合成するためには工夫が必要である。その答えは，図 4・4 に示すように，片側は普通に合成，その逆側はちょっとずつ合成することで，見かけ上は同じ方向に複製できる，というものである。この，ちょっとずつできた DNA の断片を**岡崎フラグメント**とよぶ（発見者の名前にちなむ）。

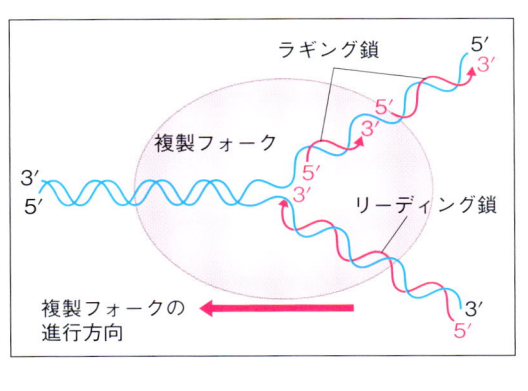

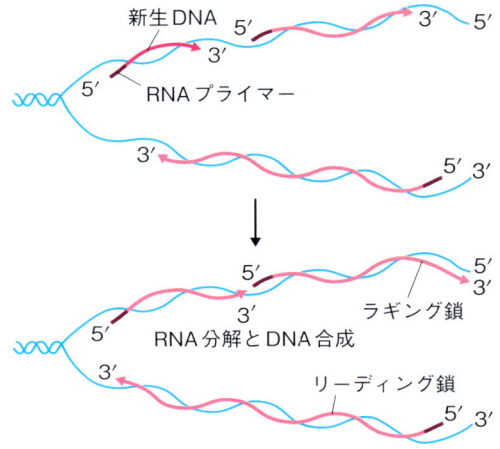

図 **4・4**　DNA の複製

　複製の仕組みをもう少し詳しく見よう。複製には最初，**プライマー**とよばれる短い断片が必要である。その理由は，DNA ポリメラーゼは 1 本鎖 DNA に結合できないので，プライマーが DNA の 1 本鎖に結合することで，そこだけ 2 本鎖になって DNA ポリメラーゼが結合できるようにするのである。また，このプライマーは DNA ではなく RNA の断片を使う。そのあと DNA ポリメラーゼは伸長反応を順に行っていく。そして最初に使われた RNA プライマーは壊され，最後に，合成した断片は DNA リガーゼによってつなげられる。

　もう 1 つ，複製の前の準備段階にも触れる。DNA を複製するためには DNA の 2 本鎖が 1 本ずつに分かれる必要がある。これは，**DNA ヘリカーゼ**という，らせんをほどく酵素によって行われる。2 本鎖から 1 本鎖にちょうど分かれたところは**複製フォーク**（ナイフ・フォークのフォーク）とよばれる（**図 4·4**）。

4·3　DNA から mRNA への転写

　DNA に書き込まれた遺伝情報は mRNA に写しとられる。RNA について復習すると，DNA との大きな違いは糖で，2 位の炭素には H ではなく OH がついている（図 4·1 を参照）。DNA とのもう 1 つの違いは，塩基に T（チミン）ではなく U（ウラシル）を使うことである。構造は似ているので，相補性は失われない。

　DNA の情報は，mRNA に写し取られる。**図 4·5a** に示すように，mRNA に写し取られる部分は，アミノ酸を指定する部分だけではなく，そのさらに上流（5′ 側）から始まり下流（3′ 側）で終わる[*4-2]。mRNA の写し取りの起点を**転写開始点**とよぶ。また，アミノ酸を指定する部分の上流は 5′ 非翻訳領域，下流は

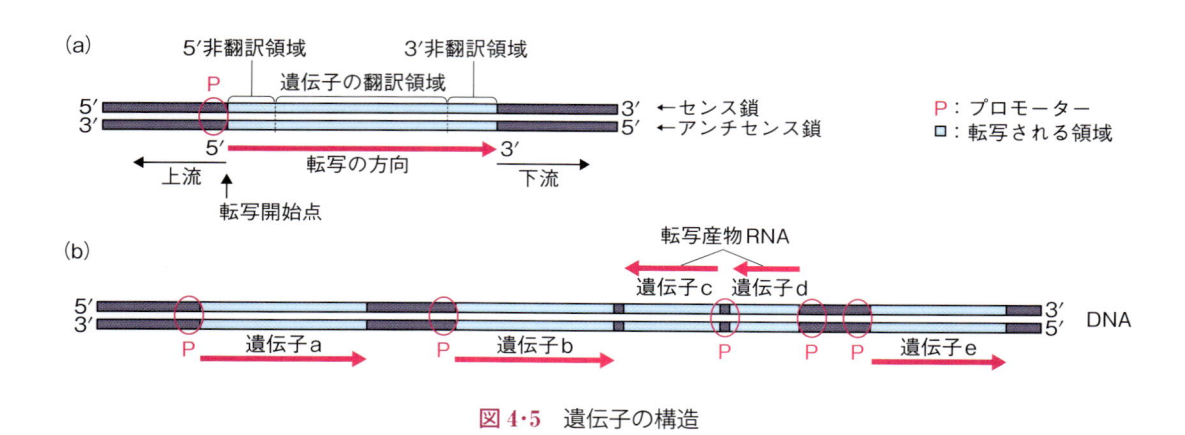

図 4·5　遺伝子の構造

[*4-2]　生物学では，ある DNA の場所の（センス鎖の）5′側を上流，3′ 側を下流と表現する。今後もあちこちででてくるので，理解しておいてほしい。

3′ 非翻訳領域とよぶ（**図 4·5**）。転写のミソはやはり相補性であり，正しく「転写」するために重要となる。DNA のどの鎖を転写するかをもう一度確認すると，mRNA は DNA のアンチセンス鎖から写し取られ，結果としてセンス鎖と同じ塩基配列になる。なお，遺伝子はゲノム上ですべて同じ方向に進んでいるわけではない。図 4·5b に示すように，遺伝子の転写方向や配置はまちまちである。

　DNA から mRNA を写し取る酵素は何だろうか。DNA の複製では DNA ポリメラーゼが使われたが，転写では RNA ポリメラーゼが使われる。RNA ポリメラーゼも RNA 鎖の 3 位（3′ 末端という）の OH 基に新しいヌクレオチドの 5 位のリン酸基を連結する。DNA のアンチセンス鎖で考えると，方向は 3′ → 5′ 方向となる。RNA は 1 本鎖なので，DNA 合成における岡崎フラグメントの形成のような仕組みは必要ない。また，RNA ポリメラーゼは最初にプライマーを必要としない点も DNA ポリメラーゼとの違いである。一方，転写の前に 2 本鎖DNA をほどくという操作が必要な点は，DNA の複製と同じである。

　以上は転写の一般論であるが，原核生物と真核生物で転写の仕組みが大きく異なるので，ここからは別々に説明する。

4·3·1 原核生物の転写

　原核生物の転写は，転写開始点のすぐ上流に RNA ポリメラーゼが結合することで始まる（**図 4·6**）。実際には，RNA ポリメラーゼに σ 因子とよばれるタンパク質が結合し，転写開始点上流への結合を助けるとともに，DNA 鎖をほどく。RNA-σ 複合体が結合する領域は，−10 領域と −35 領域とよばれる。転写開始点との距離は絶妙に配置されていて，転写開始点から正しくリボヌクレオチドの連結を始めることができる。RNA ポリメラーゼは DNA と同様，5 位のリン酸基と 3 位の OH 基との脱水結合を触媒する。なお，転写はいつも起こっているわけではなく，ON-OFF がきちんとある。これについては，転写調節機構の章（➡ **10 章**）で詳しく説明する。

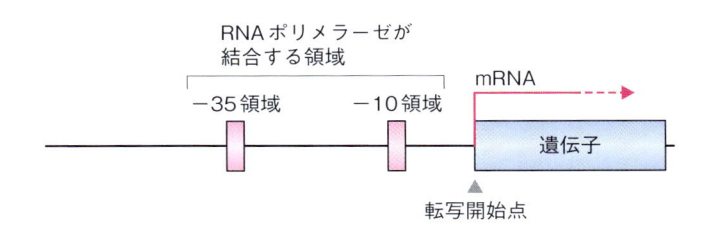

図 4·6　原核生物の転写

4·3·2　真核生物の転写

　真核生物についても，やはり転写開始点の上流に必要な配列がある。ただ，原核生物と異なり，ここには RNA ポリメラーゼではなく，まず**基本転写因子**とよばれるタンパク質の複合体が結合する。基本転写因子は 1 つではなく，複数のタンパク質が集まってできている（**複合体**とよばれる）。この基本転写因子（群）に RNA ポリメラーゼが結合し，**転写**が始まる。

　また，DNA 鎖をほどくのも基本転写因子が行う。その点で，原核生物で登場した σ 因子と基本転写因子は共通しているとも言える。基本転写因子などが結合する，転写開始点付近の領域を**プロモーター**とよぶ。真核生物にはそれ以外に**エンハンサー**とよばれる DNA 配列が別の場所にあって，転写を助ける。これについても，転写制御の章で詳しく述べることにする。

　真核生物と原核生物の mRNA の違いの 1 つは，真核生物の mRNA には**ポリ A 配列**とよばれる，アデニンモノヌクレオチドが何十にも連なった配列が 3′ 端に連結される点である。ポリ A が付加される部分，つまり転写終結点の直前には，ポリ A 付加シグナルとよばれる「目印」がある。この配列を認識した RNA ポリメラーゼは DNA から離れ，転写を終了させる。

　真核生物では，実際に使われる遺伝子の情報は，こま切れに DNA に書き込まれている。最初は RNA ポリメラーゼによって全部転写されるが，その後**イントロン**が切り出されて再連結される（**図 4·7**）。このことを**スプライシング**とよぶ。また，できあがったものが mRNA である（最初に転写された RNA は mRNA 前駆体，プレ mRNA ともよばれる）。

　では，イントロンはどのようにして切り出されるのだろうか。これは少し複雑な仕組みによる。まずイントロンの 5′ 側が切れてイントロンの途中とつなが

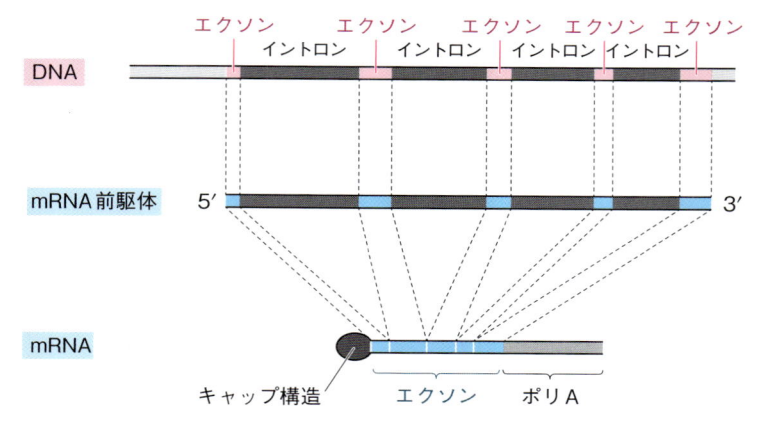

図 4·7　エクソン・イントロンとスプライシング

る（**ラリアット構造**とよばれる）。次に，**エクソン**の 3′ 末端が，残っているイントロン–エクソンのつながりを切断し連結する。これらの複雑な切断・再連結は，いくつかの小分子 RNA（snRNA）・タンパク質によって行われる。

4·4 翻 訳

DNA から情報を写し取られた mRNA は，その後でアミノ酸の並びに置換されなければならない。これが**翻訳**であるが，それがどこで行われるかが問題である。そもそも，ヌクレオチドの並びがどのようにアミノ酸の並びに置き換えられるのか，その仕組みも理解する必要がある。

まず，ヌクレオチド→アミノ酸の置き換えのコンセプトを説明する。1 つのアミノ酸は，3 つの塩基によって指定される。この 3 つ組みを**トリプレット**とよび，それによって指定される情報を**コドン**とよぶ。タンパク質を構成するアミノ酸は原則 20 種類なので，これらを 4 つの塩基の並びで指定するためには，1 つや 2 つの組み合わせでは足りない（1 つだと 4 通り，2 つの並びでも 4 × 4 ＝ 16 通りの組み合わせしかつくれない）。逆に，もしタンパク質を構成するアミノ酸が 15 種類しかなかったら，コドンはトリプレットではなくダブレット（2 つ組み）で良かったのかもしれない（**図 4·8a**）。

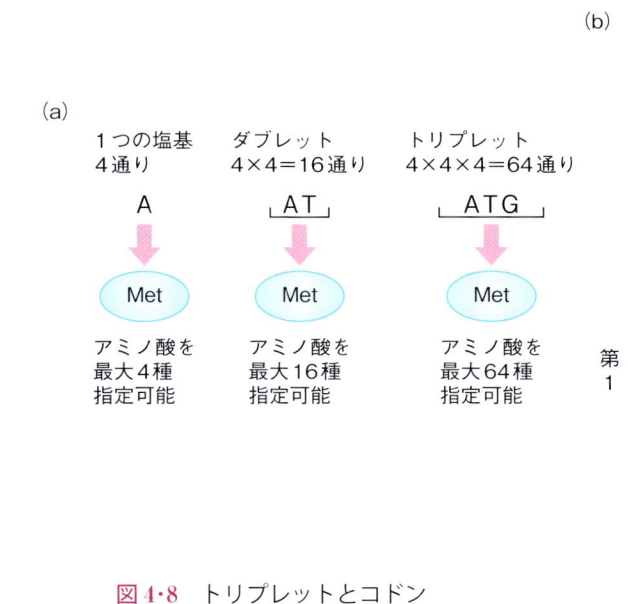

図 **4·8** トリプレットとコドン

　どのトリプレットがどのアミノ酸を指定しているかを示した表はコドン表とよばれる。いわば暗号解読表のようなものである（**図4・8b**）。コドン表をよく見るとわかるように，どのアミノ酸を指定するかはコドンの2番目でたいてい決まり，3番目はどの塩基でも同じ場合が多い。たとえば塩基がUCと並んだときは，次が何であっても必ずセリン（Ser）となる。ただし，**開始コドン**となるメチオニン（Met）は1つの組み合わせしかないし，アミノ酸でもフェニルアラニン（Phe）やトリプトファン（Trp），アスパラギン酸（Asp）やグルタミン酸（Glu）は2つしかない。あと，コード領域の最後は必ず**終止コドン**で終わる。これは3種類ある（それぞれに名前が付いているが省略）。

　多くの生物が同じコドン表を用いていることは重要である（少数の例外はある）。つまり，この組み合わせのルールは生物共通である。このことは，生命が誕生してすぐにこの仕組みができ，しかも進化の過程でも仕組みが変わることはほとんどなかったことを意味している。それがどうしてなのかは，皆さん自身で考えてみてほしい。

　これまでの説明で，翻訳のコンセプトはコドンによるアミノ酸の指定だということまではわかった。でも，その翻訳そのもの，すなわちGATCの言語がどのような仕組みでアミノ酸の言語に置き換わるのだろうか。これを仲立ちするのがtRNAである（**図4・9**）。

　tRNAはクローバーのような形をしており，その先端部分に**アンチコドン**，つまりコドンの相補配列がある。また，逆の端にはアミノ酸が1つだけくっつくことができるようになっている。つまり，tRNAに備わったこの2つの部分が，

(a)　クローバーリーフモデル　　　　　　(b)　三次構造

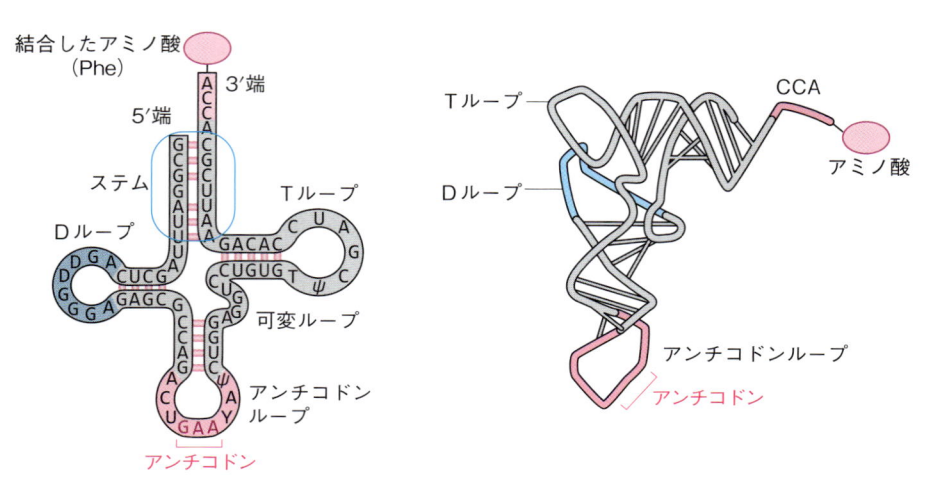

図4・9　tRNA

翻訳の正体である。アンチコドンは tRNA の配列そのものなのだが，アミノ酸は何かによって tRNA にくっつけてもらわなければならない（アミノ酸がくっついた tRNA を**アミノアシル tRNA** とよぶ）。その役割は，**アミノアシル tRNA 合成酵素**とよばれる酵素が担っている。

次に，翻訳はどこで行われるかというと，**リボソーム**とよばれる装置が細胞内にあり，そこで翻訳は行われる。リボソームはいくつかの短い RNA（rRNA）と数種のタンパク質からつくられる，よく「ダルマ」のように描かれる構造体である（図 4·10）。その中には，**A 部位**，**P 部位**，**E 部位**という 3 つの部分がある[*4-3]。これは後ほど重要になるので覚えておいてほしい。

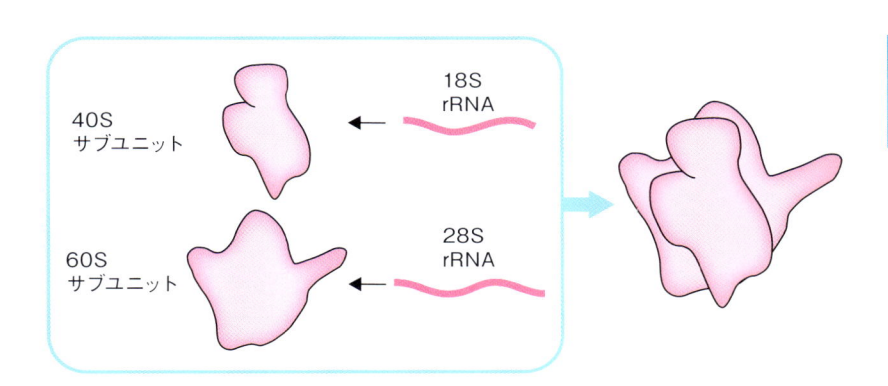

図 4·10 リボソーム
図中の S は沈降係数とよばれ，遠心によってどれくらい沈みやすいかを示す量である。細胞小器官の分離が遠心によって行われることが多いため，現在でもサブユニットにこのような名前がつけられている。

40S サブユニット

60S サブユニット

18S rRNA

28S rRNA

リボソームでアミノ酸が連結される反応は少し複雑だが，詳しく見ていこう（図 4·11）。まずリボソームが mRNA の開始コドンのところに配置されると，そこにメチオニン tRNA がやってくる。この tRNA はリボソームの P 部位に結合する。次に，2 番目のアミノアシル tRNA がやってくるが，これはリボソームの A 部位に結合する。そして，P 部位にくっついている tRNA のメチオニンを tRNA から外し，自分のアミノ酸と連結する。2 つの tRNA は P と E 部位に移り，アミノ酸をはずした空の tRNA は E 部位から外れていく。この時点で，アミノ酸が 2 つ連結された tRNA は P 部位に配置されたことになる。そして A 部位には 3 番目のアミノアシル tRNA がやってくる。これが順次起こることで，ポリペプチドはどんどん長くなっていく。

mRNA が終止コドンにさしかかると，そこにはアミノアシル tRNA ではなく，

[*4-3] A 部位（A はアミノアシル tRNA の A），P 部位（P はペプチジル tRNA の P），E 部位（E は exit の E）。

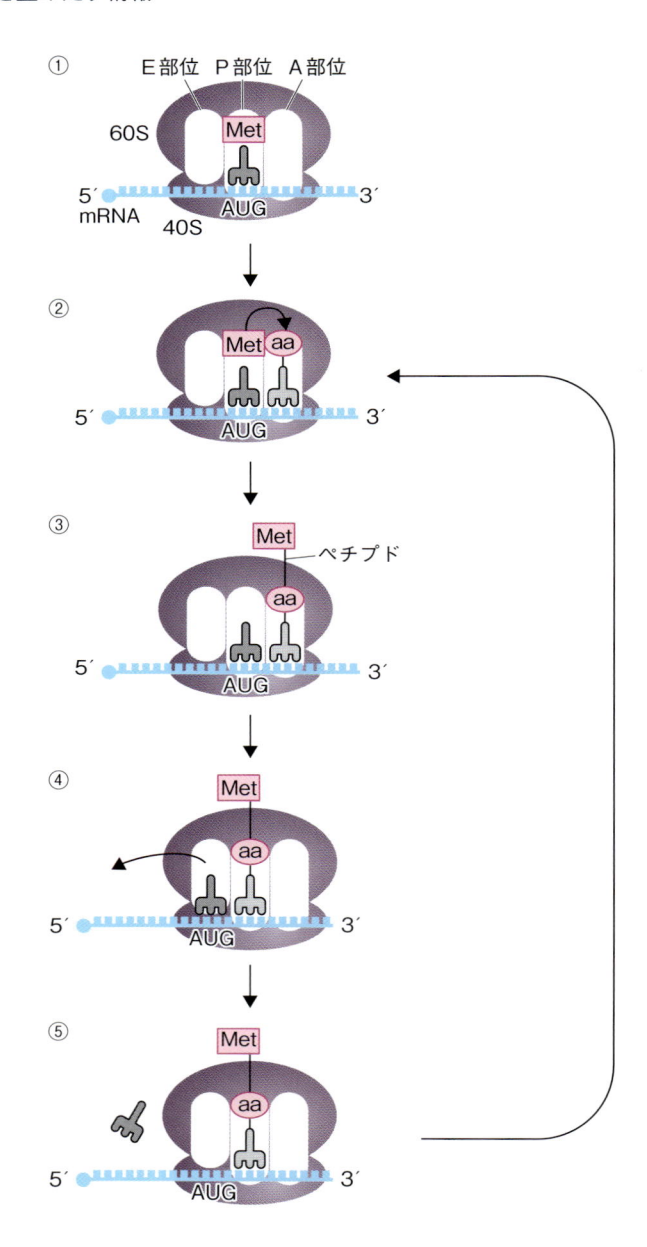

図 4·11 翻訳の仕組み
aa は任意のアミノ酸を表す。

あるタンパク質が結合し，P 部位の tRNA にくっついているポリペプチドを切断する。これで翻訳されたポリペプチドはリボソームから離れ，ついで tRNA も離れて翻訳が終了する。

4·5 ゲノム

ゲノムという言葉は，最近ではネットや雑誌などでもしばしば目に触れる。改めて，ゲノムの定義を確認しておこう。ゲノムという言葉は造語で，遺伝子の "gene" に，総体・全体を意味する接尾辞の "-ome" がつながってできている。つまり，遺伝子全部，ということである。ちなみに，ゲノムと染色体は同じことを指すと思っている人も多いかもしれないが，「染色体」はあくまで1本ずつを指す。染色体には**常染色体**と**性染色体**があり，ヒトでは常染色体が22種類，性染色体は2種類あるので，ヒトのすべての遺伝情報を含む染色体は23本ではなく 22 + X + Y（つまり24本）であることには注意が必要である[*4-4]（**図4·12**）。

ゲノムを構成する塩基対や染色体の数は生物種によって異なる（**表4·1**）。これも勘違いしがちだが，より高機能化した生物種の方が塩基配列の数や染色体の数が多いかというとそうではない。例えばチンパンジーはヒトより染色体が1本多い。ゲノムの塩基数（**ゲノムサイズ**という）も，ヒトは約30億塩基対だが，ある種のアメーバは6700億塩基対もある。多くの生物の体細胞はゲノムを2セットもっている。このような生物を**二倍体**とよぶ。しかし，種によっては二倍体の個体だけとは限らない。例えば，魚類や植物では三倍体や四倍体の生物種は

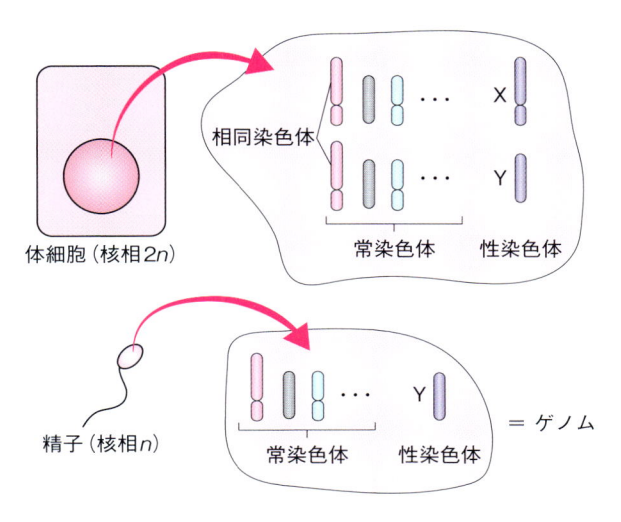

相同染色体

体細胞（核相2n）　常染色体　性染色体

精子（核相n）　常染色体　性染色体　= ゲノム

図4·12 ゲノム

表4·1 さまざまな生物種のゲノムサイズ	
生物種	**ゲノムサイズ（塩基対, bp）**
コムギ	1.7×10^{10}（約170億）
ヒト	3.0×10^{9}（約30億）
マウス	2.7×10^{9}（約27億）
ニワトリ	1.0×10^{9}（約10億）
ショウジョウバエ	1.7×10^{8}（約2億）
酵母	1.2×10^{7}（約1千万）
大腸菌	4.6×10^{6}（約5百万）

[*4-4] この点で，本来ゲノムの染色体数は24とすべきだが，これは意見が分かれるところである。

ありふれているし，カエルでは何と十二倍体という種も現存する。逆に，クラミドモナスやアリのオスのように，配偶子ではなく成体が一倍体の場合もある。

　生物のゲノム配列は，同じ種ならばほぼ同じであるものの，同じ種同士でも塩基配列が異なっている部分がある。例えば，**SNP**（single nucleotide polymorphism）とよばれる，個体ごとの一塩基の違いは，種そのものを変えることはないものの，表現型に影響を与えることがある。さらには，表向きの影響がなくても，病気のかかりやすさなど，目に見えない影響があることもある。

バイオテクノロジー（1）
：塩基配列の決定とその応用

　遺伝情報は核酸が担っているが，実際の情報は塩基の並びとして書き込まれている。つまり，遺伝情報を知るためには DNA や RNA における塩基の並びを調べれば良い。DNA の二重らせん発見以降，この塩基の並びはどうやったら知ることができるか，DNA の塩基配列の解読（DNA シークエンシング）の方法について研究が進んだ。フレデリック・サンガーは，鋳型となる1本鎖の DNA と DNA ポリメラーゼを用いて DNA の伸長反応を行うとき，ちょっとした工夫を加えることで塩基配列を決定する方法を編み出した。現在も使われている方法である。

　1980 年代は，配列の解析のために長さ60 cm にも及ぶアクリルアミドゲルが用いられ，一日に解読できる塩基配列数はせいぜい数千であった。その後，キャピラリーというごく細いゲルを使う泳動，機械による自動化などを経て，一日に解読できる配列数も増えていった。実際，当初のヒトの全ゲノム（30 億塩基対）の解読は，シークエンサーとよばれる機器を何百台も使い，多くの研究者が研究に参画することで行われた。さらに，2010 年の少し前ごろから，いわゆる次世代シークエンサーが登場し，一日に数千万サンプルが一気に解読できる手法が確立され，遺伝情報の解析のスピードが一気に速くなり，コストも下がっていった。2019 年現在では，ヒト1人の全ゲノム解読は一日ででき，その価格も 10 万円を切る勢いである。

　さて，塩基配列情報は私たちにどのような恩恵をもたらすのだろうか。上記の通り，塩基配列の解析が安価かつ短期間でできるようになった今，さまざまな応用を考えることができるようになった。その1つは，地球上の生物の分類の再検討である。これについては 14 章（p.147）で改めて紹介する。また，病気の診断，さらにはその予測にも役立つ。いまは病気になっていなくとも，将来病気になりやすいかどうかについて，特定の塩基配列がどうなっているかで，ある程度予測できるようになってきた。

ある注目している遺伝子の中であれば，個体ごとの塩基配列の違いは見つけやすいが，そのような変異点が，着目している場所ではない場合には，見つけ出すことはかなり難しい。

ただ，最近では**次世代シークエンサー**（➡前ページコラム）の開発によって，一日に解読できる塩基配列数が劇的に増加したことから，例えばヒト数千人（あるいはそれ以上）の全ゲノム配列を決定してSNPを網羅的に解析する，といった研究も可能となっている。

バイオテクノロジー（2）
：遺伝子工学

20世紀後半は，生命科学にとって飛躍の半世紀であった。DNAの二重らせん構造の発見は，その端緒でありかつ象徴であった。さらには，遺伝子の構造が理解されたあと，人為的にDNAを「細工」する方法が開発され，遺伝子工学が一気に花開いた。その1つは，2本鎖DNAのうち，ある決められた塩基配列を切断する制限酵素の発見とその利用である。制限酵素はさまざまな種類があり，それぞれ切断する配列が異なっているので，望む塩基配列の切断ができる。現在は，いくつかの試薬会社からさまざまな制限酵素が市販されており，研究の進展に大いに役立っている。ちなみに，切断したDNA同士をつなぎ合わせるためにはDNAリガーゼが用いられる。

望む遺伝子を細胞内で発現させるとき，遺伝子の断片だけを入れても，細胞内で増幅できないばかりか，断片の末端からDNAヌクレアーゼが働いてすぐに壊れてしまう。遺伝子工学では，プラスミドとよばれる環状DNAに遺伝子を連結してから細胞に導入することが一般的である。プラスミドには，複製起点という配列が挿入されているので，例えば大腸菌にプラスミドを入れると，あとは大腸菌の力を借り，大腸菌が増殖すると，その中でプラスミドも勝手に増えてくれる。遺伝子DNAの増幅には，PCR法の開発も大きく貢献した。この方法では，耐熱性DNAポリメラーゼ，増幅したい断片の両端に対応する短いDNA断片，そして鋳型DNAをまぜて反応させるだけで，望む遺伝子断片を簡便に増やすことができる。ごく微量の鋳型からでも断片の増幅が可能なため，DNA検査や微生物の種同定など幅広い目的に用いられる。

プラスミドに望む遺伝子をつなぎ，必要な細胞に導入すると，その細胞で遺伝子を発現（転写・翻訳）させることができる。例えばインスリン遺伝子をプラスミドに連結して細胞に導入すればインスリンタンパク質が翻訳されるし，緑色蛍光タンパク質（GFP）を連結して細胞に導入すると，その細胞は緑色の蛍光を出す。このような手法によって，望むタンパク質の大量生産が可能となった。後のコラム（p.140）でiPS細胞のことに触れるが，これも細胞の初期化に必要な遺伝子をプラスミドに連結し，皮膚の細胞に導入することでつくることができた。このような遺伝子工学の手法がつくり出されたことで，生物学が社会や産業に直接役立つわかりやすい道筋が見えるようになった。

バイオテクノロジー（3）
：遺伝子破壊とゲノム編集

　本章で説明したように，遺伝子の情報はDNAの塩基配列として書き込まれており，ヒトを含むさまざまな生物の遺伝情報は，DNAシークエンシングによって現在も日々解読が進んでいる。研究の分野では，遺伝子の働きを調べるため，解明された塩基配列の情報を元に，その遺伝子だけを破壊して表現型や効果を観察する，という実験をよく行う。

　これまでに，遺伝子破壊はさまざまな方法で行われてきた。例えばショウジョウバエの突然変異体もその1つである。この場合は，遺伝子破壊された個体を自然界から探し，そして実験に用いられた。もちろん，まれにしか生じない変異体の中から望みの変異体を探し出すのは大変なので，例えば放射線を照射したり，変異原を摂食させることで遺伝子の変異効率を上げたうえで探し出すということも行われてきた。しかし，これらは遺伝子の破壊がランダムに起こるので，望む遺伝子が破壊された個体を探し出す必要があり非効率である。そのため，人工的につくった破壊遺伝子を含む断片を卵内に導入し，いわゆる「相同組換え」という手法によって望む遺伝子だけを効率よく壊す方法が1980年代の終わりに開発された。この手法は現在も使われているが，いかに効率を上げるか，また利用できる生物種が限定されるなどの問題がある。

　2010年代に入り，ゲノム編集という方法が非常に大きく取り上げられるようになった。その1つがCRISPR-Cas9（クリスパー・キャス9）法とよばれる方法である。これは，短いRNA断片と，組換え酵素（Cas9リコンビナーゼ）を細胞に導入すると，RNA断片が，同じ塩基配列をもったDNA配列を選んで結合し，その場所を切断できる。細胞には切断DNAの修復機構が備わっているので，切られたDNAはまたつなげられるが，2本鎖が両方切られたDNAの修復は簡単ではなく，少しヌクレオチドを継ぎ足したり，逆にDNAを削り取ってから連結する。このため，その部分の塩基配列は変わってしまう。そこがミソで，結果的に遺伝子が破壊されることとなる。CRISPR-Cas9法の特徴は，短いRNAと1種類のタンパク質を入れればどんな生物種でも遺伝子破壊を行うことができる点である。このため，非モデル生物の研究が飛躍的に伸展することとなった。

　さて，自分自身のゲノム情報がすべて明らかになり，その中に，病気になりやすい形質が見つかったとしよう。CRISPR-Cas9法を用いれば自分の遺伝子も改変できるだろう。しかし，安易にそのようなことが行われて果たして問題はないのだろうか。2018年後半に外国の研究者が，CRISPR-Cas9法でヒト胚の遺伝子改変を行い，子宮に戻しその後出産された，というニュースが報道された。エイズに罹患した親が，生まれてくる子供がエイズに耐性をもつような遺伝子改変を施したかった，という理由は，素直に聞けば「じゃあやればいいのでは」と思うかもしれない。しかし，本当にそれが正しいのかどうか，人間が安易に人間の遺伝子に手を加えることの問題点について，この本を読むそれぞれの方がその是非について改めて考えてみてほしい。

問1 次の文章の中から正しいものをすべて選べ。
① DNA の塩基は A，C のプリン，G, T のピリミジンに分類できる。
② DNA の 2 本鎖の複製は，必ず 5′ から 3′ の方向に行われる。
③ mRNA が転写されたあとのポリ A 付加は原核細胞だけで行われる。
④ 翻訳はリボソームに tRNA が呼び込まれることで起こるが，すべての tRNA はまずリボソーム A 部位に結合する。
⑤ ゲノムサイズは，個体サイズの大きさに必ずしも比例していない。

問2 DNA の相補性は，遺伝情報の担い手としてどのようなメリットがあるか。

問3 真核細胞における mRNA の転写開始の仕組みを，順を追って説明せよ。

問4 いわゆるセントラルドグマでは，DNA から mRNA が写し取られ，tRNA を介した翻訳によりアミノ酸が連結されていく。以下の 3 つがもつ塩基配列は，開始コドンから終止コドンまでに書き込まれている塩基配列に対して，同じ配列か相補的な配列かのどちらであるか答えよ。
a) mRNA そのもの
b) mRNA に写し取られる DNA 鎖
c) tRNA において，mRNA と結合する領域

5章 代 謝
― 生きるためのエネルギー獲得 ―

　からだが「動く」とはどういうことだろう。手や足を動かすことに必要な器官が筋肉であることはよく知っているはずである。筋肉はアクチン繊維の上で動くミオシンタンパク質の働きによって収縮する。具体的には，ミオシンがアクチンに結合し，そしてその形が変化することで収縮力が生み出される（➡ 6·5 節）。では，ミオシンの形はどのようにして変化するのだろうか。

　もう 1 つの例を挙げる。物質は濃度の濃い方から薄い方に移動するが，細胞では，この濃度勾配に逆らって物質を輸送し，細胞内外のイオン濃度を調節する場合がある。このような逆行輸送はどのようにすればできるのだろう。どちらも答えは生体エネルギーである。

　私たち生物が活動するためには，すべてエネルギーが必要である。では，どのようにして生物はエネルギーを得ているのか。そもそもエネルギーの実体は何だろう。高校までの学びで，光合成や呼吸がエネルギーの産生に関係することは理解していると思うが，実際どのような仕組みでエネルギーが生み出されているのだろうか。この章では，代謝の仕組みの理解だけでなく，その意義についても説明する。

高校「生物基礎」で学んだこと

- 代謝とは生物の維持のために行われる化学反応の過程全体を指す。生命におけるエネルギーもまた，代謝によってつくり出される。
- エネルギー通貨として，ATP（アデノシン三リン酸）が生物では使われる。
- 呼吸では，酸素と水を使って糖を分解し ATP をつくり出す。このとき，副産物として二酸化炭素が発生する。このように，生物において，大きな物質から小さな物質を生み出すことを異化とよぶ。
- 光合成では，二酸化炭素と水，そして光を利用して糖がつくり出される。このとき，副産物として酸素が発生する。このように，生物において，小さな物質から大きな物質を生み出すことを同化とよぶ。

5·1 エネルギー「通貨」，ATP

　生体のエネルギーの実体は何か。生物においては，アデノシンにリン酸基が3つ連なった**ATP**が主に生体エネルギーとして，いわば「通貨」のように用いられる。**図5·1**に示すように，いちばん端そして2番目のリン酸がATPから外れるとき，非常に大きなエネルギーが発生する。この結合は**高エネルギーリン酸結合**とよばれる。

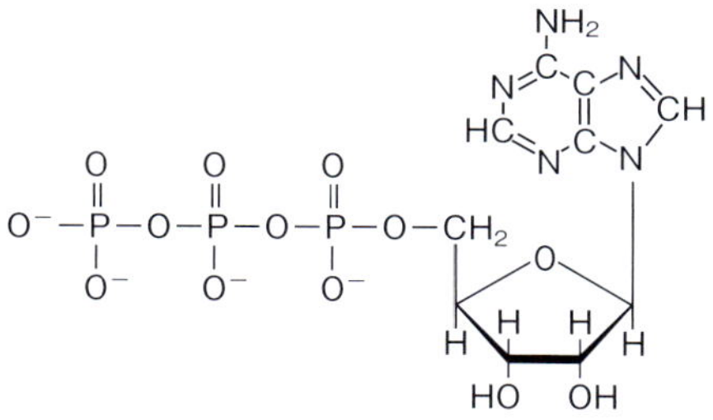

図5·1 ATP（アデノシン三リン酸）

　化学反応は，エネルギーの発生方向に自発的に進むことができる。そのとき，例えばミオシンの形を変えるといった，いわば坂道を登るような反応とセットに行うようにすれば（共役），単独では自発的に行えない，エネルギー的に不利な反応も進めることが可能になる。これがATPをエネルギー通貨として利用する意義である。

5·2 呼 吸

　私たちが生きるために必要なエネルギーの実体はATPであると説明した。では，そのATPはどのようにして手に入れるのだろうか。ひとことで言うと，糖の分解によってATPを得る。糖の分解を経てATPを得る方法は2つあって，1つは酸素を使う方法，もう1つは酸素を使わない方法である。酸素を使う方法は**呼吸**，酸素を使わない方法は**発酵**とよばれる。

　私たち人間にかぎらず，多くの生物は呼吸をする。呼吸とはなにか。普通に想像するのは，息を吸って吐き，酸素を消費して二酸化炭素を出す生命活動である（これを**外呼吸**とよぶ）が，ここではATPをつくり出すために行われる，**細胞呼吸**のことについて説明する。実は「酸素を消費，二酸化炭素を排出」は，呼吸の結果出し入れされる，いわば表面上の結果であって本質ではない。ちなみに，2·2·4項で触れたように，細胞呼吸はミトコンドリアで行われる。

　さて，呼吸の材料になるものは何か。すでに触れた通り，答えは**糖**である。簡単に言うと呼吸とは，糖の構造を順次変化させ，その過程でエネルギーをつくり出す過程である。呼吸の経路は，解糖系とクエン酸回路，そして電子伝達系に分けることができる。

5章

代謝

5・2・1　解 糖 系

　解糖系の反応は，細胞質基質で行われる（**図 5・2**）。解糖系のおもな目的は，その名の通り「糖の分解」である。2 つのキナーゼ反応（糖にリン酸を付加する），六炭糖を 2 つに分解する反応，ATP 合成を伴う反応，異性化反応などを経て，グルコースから 2 分子の**ピルビン酸**がつくられる。この後，ピルビン酸はミトコンドリアのマトリックス（内膜に囲まれた場所）に送られ，酸素を使う反応としてクエン酸回路の反応が起こる。あるいは，酸素を使わない反応として乳酸発酵・アルコール発酵が行われる（➡ 5・3 節）。

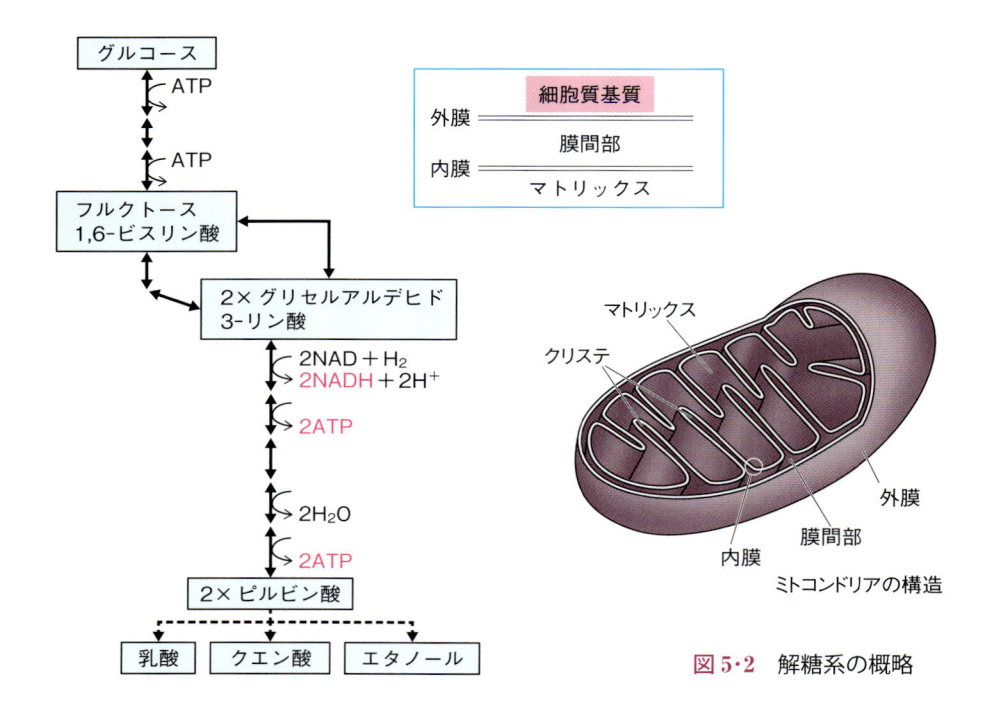

図 5・2　解糖系の概略

5・2・2　クエン酸回路

　クエン酸回路では，ピルビン酸からクエン酸がつくられ，その後順次反応がすすむ（**図 5・3**）。9 回の反応が起こった後，元のクエン酸が合成される。元に戻るのであれば，何のためにこんな反応をしているかであるが，9 回の反応の中で，さまざまな副産物がつくられる。その中でも重要なのは NADH と $FADH_2$ という物質，そして H^+（水素イオン）である[5-1]。この重要性は次項の電子伝達系で述べる。

[5-1]　クエン酸回路では GTP もつくられる。GTP は末端のリン酸を ADP に渡すことで，ATP を生成する。

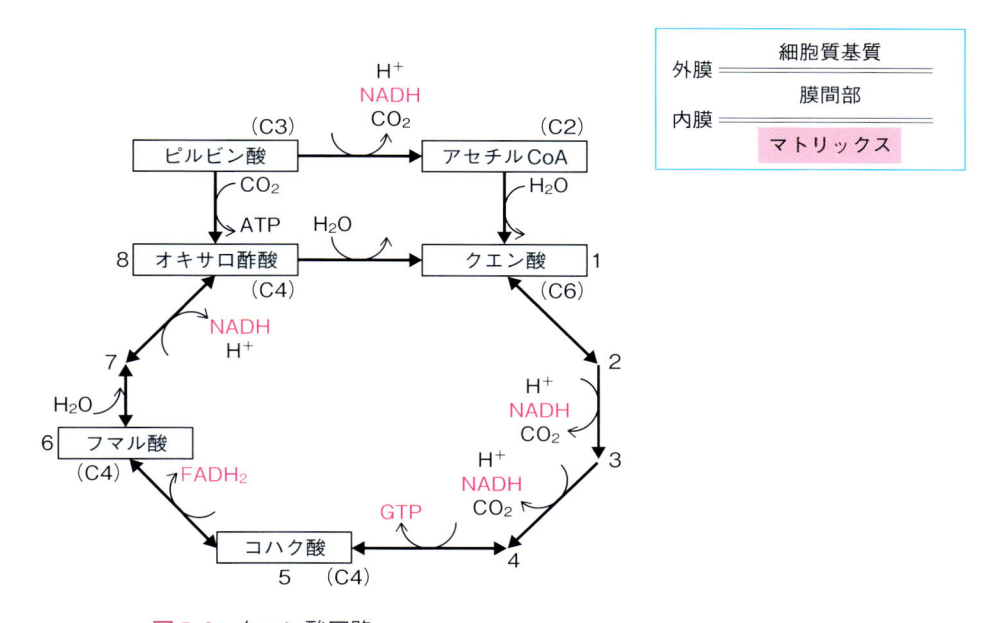

図5・3　クエン酸回路
C4とはその分子が炭素原子を4つもっていることを意味している。

5・2・3　電子伝達系

クエン酸回路でつくられたNADH，FADH$_2$，H$^+$は，**電子伝達系**で**ATP合成**のために使われる（**図5・4**）。電子伝達系は，ミトコンドリアの内膜で行われる。呼吸において，多くのATPは電子伝達系で合成される。その駆動力は，ミトコ

図5・4　電子伝達系
FeSは鉄硫黄クラスター（補因子），FMNはフラビンモノヌクレオチド，Qは電子伝達成分（ユビキノン），a, a_3, b, cはシトクロムの補因子を示す。

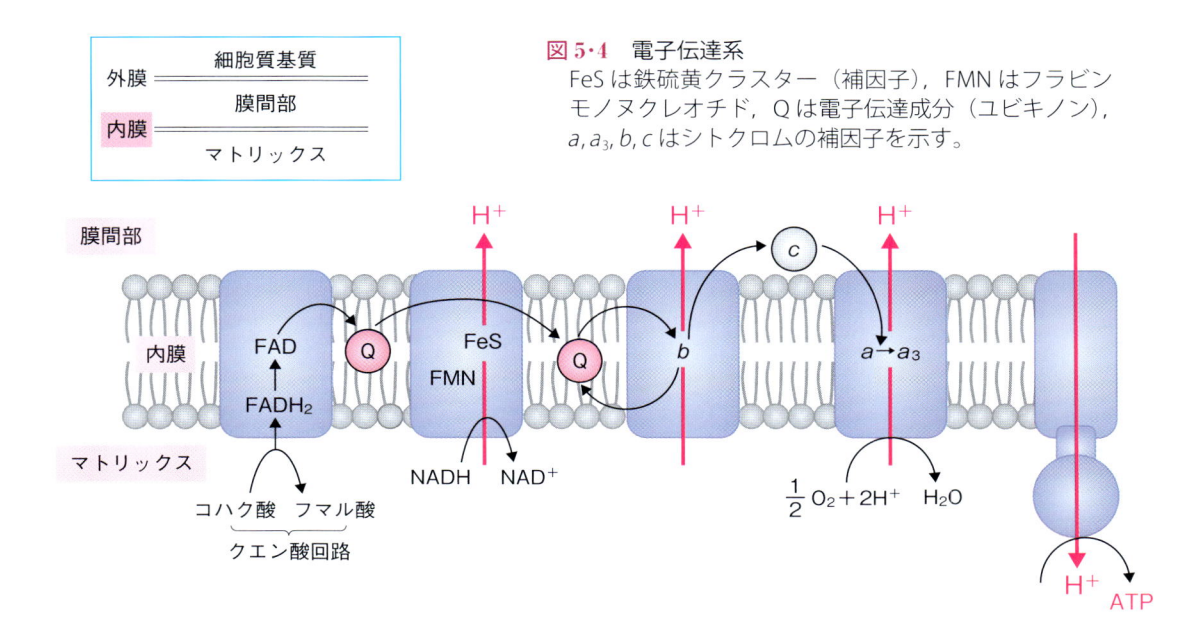

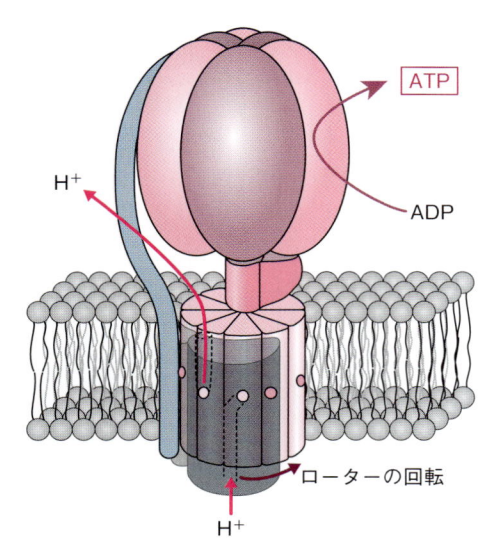

図 5·5　ATP 合成酵素の構造

ンドリア内膜の内外を隔てた H^+ の濃度差である。内膜に埋め込まれた複合体中の反応と共役することで，H^+ がマトリックスの中から膜間部に放出され，結果として H^+ 濃度はマトリックス＜膜間部 となる。

　この濃度差がどのように ATP 合成につながるかというと，簡単な答えは，内膜に埋め込まれている膜タンパク質，ATP 合成酵素を駆動するからである。その形もとても独特で，丸い玉とローターが棒でつながったような形の酵素がくるくると回転し，その駆動力で ATP が産生される。さしずめ発電機のようなものである（**図 5·6**）。

5·3　発　酵

　酸素を用いない呼吸を**発酵**とよぶ。グルコースの分解からスタートしてピルビン酸が合成されるところまでは，発酵も呼吸と同じである。しかし発酵では，ピルビン酸から乳酸やアルコールが合成される（**図 5·6**）。

　乳酸菌などが行う**乳酸発酵**では，ピルビン酸が NADH によって還元されることで，乳酸がつくり出される。食品であるヨーグルトや乳酸飲料はこの働きによってつくられたもので，人間生活にも有用である。しかし，乳酸菌にとって大事なのは，NADH から H が外されて NAD^+ ができることである。ここでつくられた NAD^+ が乳酸菌の解糖系に再度供給され，反応が進む。つまり ATP も同時に産生されるのである。ちなみに，私たちが激しい運動をしたとき筋肉に乳酸が蓄積される，とよく言われるが，これも通常のクエン酸回路だけでは

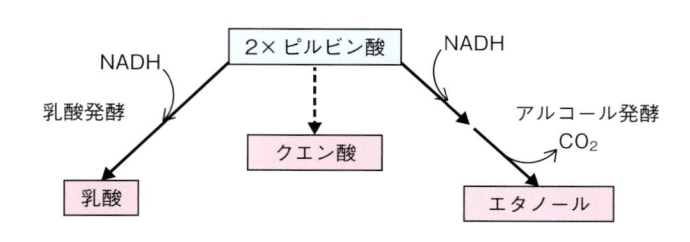

図 5·6　発　酵

ATP産生が間に合わないとき，乳酸発酵と同じ経路によって解糖系を進める結果，乳酸が産生されるからである。

アルコール発酵も同じで，酵母などがNADHの還元力によってピルビン酸を分解し，アルコールをつくり出すが，これもNADHをNAD$^+$に戻し，解糖系を進めるために行われる。

以上のように，呼吸におけるATP産生の主役は電子伝達系であるが，発酵におけるATP産生の主役はあくまで解糖系である。グルコース1分子からつくり出せるATPの数を考えると，発酵より呼吸の方がATP産生において圧倒的に有利であることがわかる。

5・4　脂肪やタンパク質の利用

ここまでは炭水化物や糖の分解について説明してきた。しかし，皆さんがよく知っているように，脂肪やタンパク質からも，ATPを得ることができる。脂肪は，脂肪酸に分解された後，**β酸化**とよばれる代謝経路によってアセチルCoAとなり，クエン酸回路に供給される。また，タンパク質もアミノ酸に分解された後，さまざまな代謝経路によってピルビン酸になったり，クエン酸回路へと回されたりする（図5・7）。

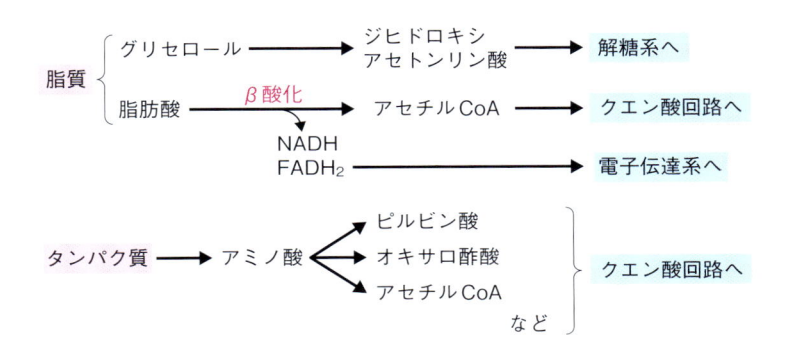

図5・7　脂肪・タンパク質の代謝

5・5　光 合 成

呼吸では，有機物からATPをつくり出し，生命活動に必要なエネルギーを得ることができる。では，このような有機物はどのようにして得ることができるか。われわれの食事のことを考えると，ご飯やパン，あるいは砂糖などである。人

間に限らず，動物はこのような有機物を一から自分でつくることができず，他の生物を摂食することで得るしか方法がない。このような生物を**従属栄養生物**という。一方，植物や光合成細菌は，二酸化炭素と水，そして光エネルギーを用いることによって，自らの力で有機物を合成することができる。これが**光合成**である。光合成を行うことができる生物は，他の生物から有機物を取り込む必要がない。このような生物を**独立栄養生物**という。

　ここで，光合成の仕組みについて説明する。まず，植物で光合成が行われる場所は葉緑体である。葉緑体のチラコイドには光合成色素が含まれている。光合成色素には，クロロフィルなど，いくつかの種類がある。クロロフィルは，青い光と赤い光を特によく吸収し，光合成の駆動に重要な役割を果たす。その概略はおおむね以下の通りである（**図5·8**）。

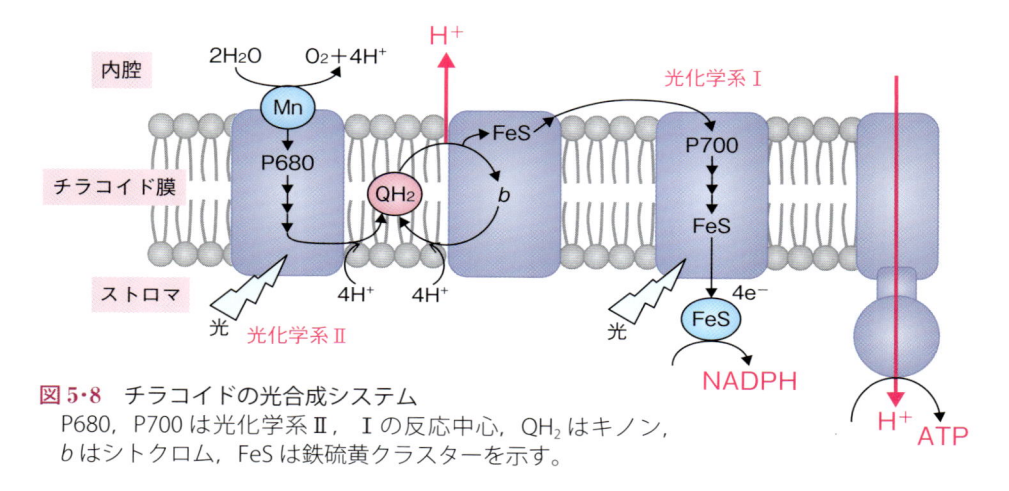

図5·8　チラコイドの光合成システム
P680，P700 は光化学系 II，I の反応中心，QH_2 はキノン，
b はシトクロム，FeS は鉄硫黄クラスターを示す。

① チラコイドにある光化学系 II という複合体（クロロフィルを含む）が，ある波長の光を吸収すると，クロロフィルが励起される。このクロロフィルは酸化力が強く，水を分解して電子を外すことができる。外れた電子は，光化学系 I を含むいくつかの複合体を光化学系 I で順次伝わっていく。このなかで，水素イオンがストロマから内腔に移動していく（**図5·8**）。これが続くことで，水素イオンはストロマ側で少なく，内腔側で多くなる。この際，**NADPH** も合成される。

② ここでまた ATP 合成酵素が登場する。①で内腔に移動した水素イオンがストロマ側に移動する力で ATP 合成酵素が回転し，最終的に ATP を合成する。重要な点は，呼吸における ATP 合成は，からだのエネルギーのもとであるのに対し，光合成での ATP 合成の目的は，あくまで有機物合成を行うためのエネルギー獲得であることである。

③ 炭酸固定経路：ストロマ内では，**カルビン・ベンソン回路**という代謝経路によって，二酸化炭素が有機物に合成される（**図5・9**）。まず，五炭糖（C5化合物，ここではリブロース1,5-ビスリン酸）と二酸化炭素がルビスコ（リブロース1,5-ビスリン酸カルボシキラーゼ／オキシゲナーゼ）という酵素によって2つの三炭糖（C3化合物）となる。さらに2回の反応を経て，三炭糖リン酸がつくられ，これが最終的に**デンプン合成**へとつながる。三炭糖の一部は再度いくつかの反応を経て最初の五炭糖に戻る。この一連の反応を行うために，先ほど（②）合成したATPが必要となる。

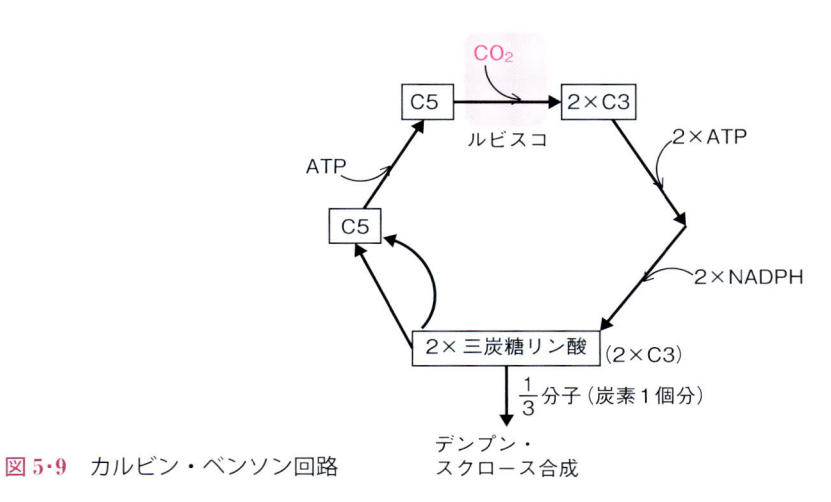

図5・9　カルビン・ベンソン回路

5章

代謝

さまざまな「発酵」が人間社会にもたらす恩恵

代謝を扱う教科書では，主に酸素を用いて異化を行うクエン酸回路が扱われる。しかし，私たち人間社会には，発酵もまた大きく関わっている。まず食品でいえば，発酵によって得られる食品は枚挙にいとまがない。たとえば味噌や醤油は大豆のデンプンやタンパク質を麹菌が分解することでつくり出される。日本酒はデンプンが分解されてできたブドウ糖から，さらに酵母の働きによって発酵が進み，アルコールがつくり出される。日本酒の酸味に寄与するのは乳酸菌で，こういったさまざまな微生物の働きによって，日本古来の発酵食品がつくられる。一方，チーズは家畜の乳に乳酸菌が，さらにはタンパク質分解酵素が添加されることで乳が固形化し，また独特な味わいや風味がつくり出される。ヨーグルトもまたしかりである。

近年，発酵が食品以外にも利用されるようになった。その1つはバイオエタノールである。バイオエタノールは，サトウキビやトウモロコシを薬剤処理などで糖化したのち，酵母を用いてエタノール発酵を行うことで得ることができる。バイオエタノールが生産できれば，化石燃料の代替燃料になることが期待されるが，食料との競合や環境への影響など，いくつかの課題もある。

5章の練習問題

問 1　以下のうち，ATP はどれか。

(a)

(b)

(c)

(d)

問 2　以下は呼吸，光合成のどちらに関わる経路か。呼吸に関わる経路は 1，光合成に関わる経路は 2，どちらでもないものを 3 として答えよ。

(a) 解糖系　(b) カルビン・ベンソン回路　(c) 電子伝達系　(d) クエン酸回路　(e) β 酸化

問 3　解糖系について。

a) 解糖系は細胞質基質，膜間部，マトリックスのどこで行われるか。

b) 1 分子のグルコースから 2 分子のピルビン酸ができるまでに，ATP は何分子消費され，何分子合成されるか。

6章　細胞骨格・細胞接着・細胞運動
— からだを支え，動かす仕組み —

　多細胞生物は，字のごとく複数の細胞からつくられている。それらが簡単にちぎれたりとれたりしないことは，自分のからだをつねってみればわかる。また，動物のからだはアメーバのように自由に変形せず，地球上の重力に負けず，それぞれの生物種ならではの形を保っている。このような構造を維持するための仕組みは，どのようなものだろうか。

　この章では，細胞同士がどのようにつなぎとめられ，細胞の形がどのように保たれ，そして（多細胞）生物のからだの形がどのように維持されているのかについて説明する。また，からだの形をつくりあげる上では，細胞自身の動きも大事である。それがなぜ必要か，その理由は発生の章で詳しく説明するが，この章では細胞の動きがどのようにして起こるのか，基本的な仕組みを理解してほしい。

> **高校「生物基礎」で学んだこと**：この章の内容は，生物基礎ではほとんど扱われない。
>
> （補）「生物」で習うこととしては，
> - 細胞質マトリックス（基質）にはさまざまな繊維状構造があり，細胞の形を保っている。これを細胞骨格という。
> - 細胞骨格にはアクチンフィラメント，微小管，中間径フィラメントがある。
> - 細胞同士の結合，細胞と細胞外マトリックスとの結合を細胞接着とよぶ。
> - 細胞同士の結合にはカドヘリンが，細胞と細胞外基質との結合にはインテグリンが関わる。
>
> などがあるが，教科書会社によって扱っていない場合もある。

6·1　細胞を「支える」仕組み

　細胞膜は柔軟性に富んでいる。もし細胞が，細胞膜で囲まれた「ふくろ」に水が入っているだけのものだとすると，水が入った風船のごとくボール状の形

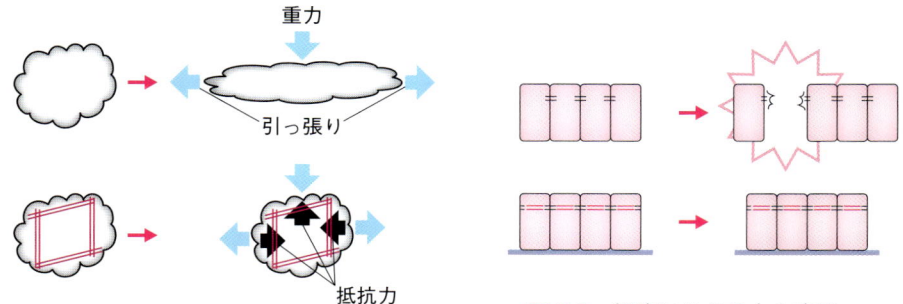

図 6·1　細胞にかかる力と変形

になることは簡単に想像できる。しかし，私たちのからだを構成する細胞が実際に球状であるものは比較的少ない。さらに，動物を構成する細胞が，液体に満たされた袋を集めただけだとすると，重力や外からの引っ張りに耐えることができず，簡単に変形してしまう。また，つながった細胞も，引っ張りの力には耐えることができず簡単に引きちぎられるだろう（図 6·1）。

　このように，物理的に強いとはいえない細胞はどのようにして支えられるのか。主に，次の 3 つが重要である（図 6·2a）。

① **細胞の中で支える：細胞骨格**

② **細胞の外で支える：細胞外マトリックス**

③ **細胞同士を連結する：細胞接着**

　これらについて，順番に説明していくが，その前に細胞の構造の概略について，皮膚などを構成する上皮細胞を例に説明しておく（図 6·2b）。一般に，細胞は決められた極性（方向）をもつことが多い。上皮細胞の場合では，表面側（頂端側）と裏側（基底側），そして側面に区別される。側面は基底側と性質が似ており，同じに扱われることもある。基底側の細胞の下には，**基底膜**とよばれる細胞外マトリックス（➡ 6·3 節）に富む構造があり，上皮細胞のつなぎとめに重要なだけでなく，細胞の性質（例えば細胞の分化状態）の保持などの役割も果たしている。

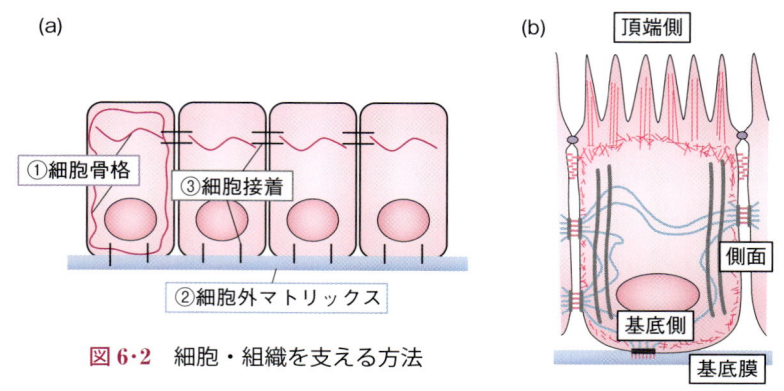

図 6·2　細胞・組織を支える方法

6·2 細胞を中から支える：細胞骨格

　　細胞骨格は，細胞そのものを物理的に支えるために必須な繊維状構造である。細胞骨格は，主に**アクチン繊維**，**微小管**，**中間径フィラメント**の3種類があり，それぞれ特徴をもっている（**図6·3**）。

6·2·1 アクチン繊維

　　アクチン繊維は3つの細胞骨格の中で一番細い。アクチンが細胞骨格として働くときは繊維状であるが，実は球状のタンパク質であるG-アクチンが数珠状に連なってできている。

　　アクチン繊維の重要な特徴は，G-アクチンの脱重合が比較的頻繁に起こること，そして繊維に方向がある（極性をもつ）ことが挙げられる。アクチン繊維の重合と脱重合には，ATPが関係している。アクチンはATPが結合した状態だと繊維に重合することができ，逆にATPのリン酸基が1つ外れてADPになるとアクチン繊維から外れ，脱重合する。また，アクチン繊維の極性は，連なっているG-アクチンの方向によって決められる。通常，プラス端とマイナス端という呼び方をする。プラス端とマイナス端ではどちらも重合・脱重合が起こるが，プラス端の方が重合の頻度が高い。

　　アクチン繊維の役割でもっとも有名なのは，ミオシンと共に骨格筋の形成である。しかしそれだけではなく，からだを構成する多くの細胞で，アクチン繊維は細胞膜近辺に裏打ち的に存在して細胞の物理的な強度を高めている。また，細胞が移動するとき，その先端（先導端）ではアクチン繊維の重合が促進される。このような構造は**仮足**とよばれる（➡ **6·7節**）。このように，アクチン繊維は細胞の運動にも重要な役割を果たす。

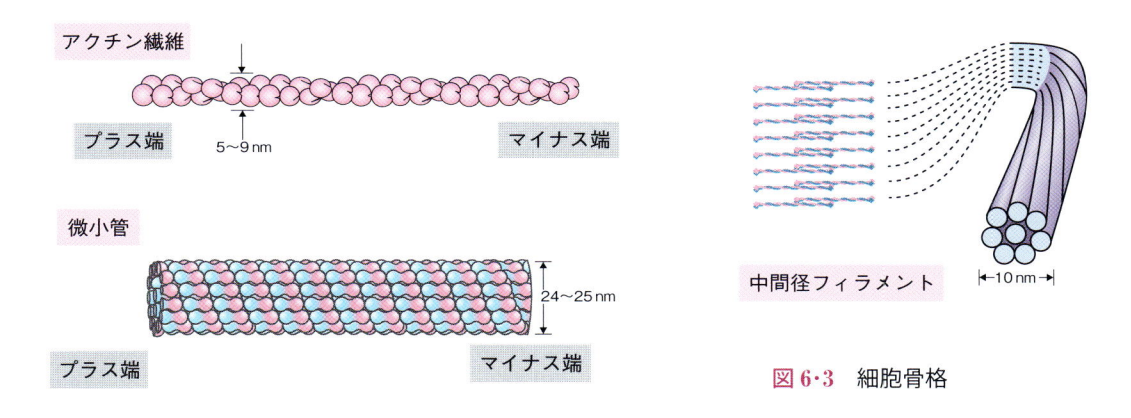

図 **6·3** 細胞骨格

6·2·2　微 小 管

微小管は，アクチンと同様に球状タンパク質の集合体で，名前のとおり管になっている。構成要素である球状タンパク質は**チューブリン**であり，α, βの二量体である。これらが同じ方向に並び，管状の構造をつくり出している。

アクチン繊維と同じく極性があり，また重合・脱重合を頻繁に行っている。微小管でもヌクレオチドの分解が脱重合に関係するが，アクチンと異なるのは，重合・脱重合に関わるヌクレオチドが ATP ではなく GTP である点である。微小管にもやはりプラス端とマイナス端がある。

微小管がどこで使われているかというと，まずは細胞分裂の際の紡錘体（➡ 8·1·2 項）が挙げられる。また，繊毛や鞭毛のように，より物理的な強度が必要な器官にも微小管は使われる。ニューロンの軸索も中心に微小管がある。

6·2·3　中間径フィラメント

中間径フィラメントはその名のとおり，細胞骨格3種類のうち，細いアクチン，太い微小管のちょうど中間の太さである。中間径フィラメントは，アクチンや微小管と違い，頻繁には脱重合しない。つまり，細胞の恒常的な強度の保持に関わっている。

中間径フィラメントにはいくつかのタンパク質の種類がある。一番有名なものは**ケラチン**（サイトケラチン）である。また，核膜を保持する核ラミンも中間径フィラメントの1つである。

以上，3つの細胞骨格を見てきた。まず，なぜ3つあるのかというと，すでに説明したように，太い細い，重合・脱重合をするしない，といったようにそれぞれの特性があり，それをうまく使い分けている。

6·3　細胞を外から支える：細胞外マトリックス

細胞外マトリックス（extracellular matrix, ECM と略される）は，私たちの生活に比較的なじみがある。化粧品や健康食品に含まれるものの中に，ECM はよく登場する。では ECM とは何か。細胞骨格は細胞を中から支える一方，ECM は細胞を外側から支える働きをもつ。ECM は単独でも繊維状のものが多いが，さらに複雑な編み目構造をとることが特徴である。そのため，例えば皮膚にも ECM はたくさん存在していて，皮膚の弾力性や強度，そして細胞同士の接着にも大事な役割を果たしている。

ECM は骨や軟骨にもたくさん含まれている。特に，骨（硬骨）はリン酸カル

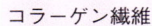

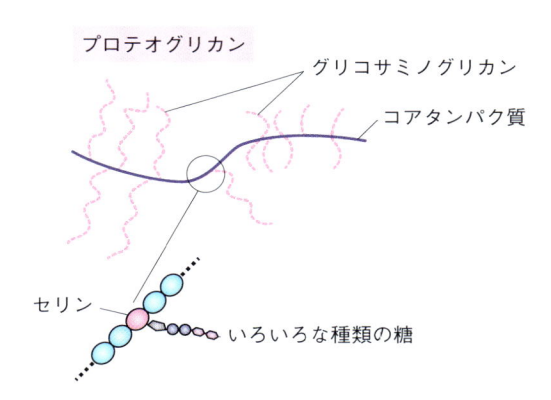

図6·4　細胞外マトリックス

シウムだけなく ECM も多く含んでいる。そのため，骨はもろくないだけでなく，ある程度の弾力性も備えている。ちなみに，ECM は細胞自身が分泌することによってつくられる（骨においても，骨細胞が ECM を分泌する）。

　ECM には，コラーゲンのようにタンパク質だけでできているもの，タンパク質に多糖が結合した物質（プロテオグリカン），多糖だけから構成されるものがある（図6·4）。

ヒアルロン酸：2つの単糖（グルクロン酸と N- アセチルグルコサミン）が1万回以上繰り返してできる多糖で，組織や関節にかかる力に対抗する。また，保水性にも富んでいる。

プロテオグリカン：直鎖状のタンパク質（コアタンパク質）に比較的短い多糖の鎖がいくつもつながった構造をもつ。そのため，1つのプロテオグリカンは巨大分子になる。例えば，軟骨などにあるアグリカンの分子量は100万Daにもなる。

コラーゲン：コラーゲンも日常生活でよく目にする。例えば，豚骨ラーメンにはコラーゲンがたっぷり，とラーメン屋に書かれているのを見たことがある人は多いだろう。コラーゲンは3つのアミノ酸が繰り返された鎖状のタンパク質で，その鎖が3重らせん構造をとる。コラーゲンは，いくつかの種類があり，骨に含まれる I 型コラーゲンが，脊椎動物にもっとも多く存在している。また，IV 型コラーゲンは基底膜（上皮細胞の下に位置する，ECM に富む構造；➡ 6·1 節）を構成していて，上皮組織を維持するために重要な働きをもつ。

そのほかの ECM：コラーゲンやプロテオグリカン以外にも，ECM にはいろい

6章
細胞骨格・細胞接着・細胞運動

ろな種類がある。例えば，フィブロネクチンは約2500アミノ酸の鎖が2本，C末端近くでつながってV字型の構造をとっており，これらが集合して細胞に強度を与えることに貢献している。ラミニンは1500アミノ酸以上の鎖が3本結合して十字型をしており，ECMのシート状構造において他のタンパク質やプロテオグリカンをつなぎとめる役割がある。ラミニンもまた基底膜の形成に重要である。

6·4　細胞接着：細胞を「つなぐ」道具

　細胞と細胞はどのようにくっついているのだろうか。前節で述べたように，ECMには細胞をつなぎ止める働きがあるが，細胞自身もまた，お互いをつなぎ止めるための装置をもっている。ただ，細胞膜同士がべったりのり付けされているかというとそうではなく，互いの接触面が線状，あるいは点状に接着されているだけである。細胞を紙とのりのようにべたっとくっつけるのは大変だから，ということもあるが，細胞によってはずっとくっつきっぱなしではなく外れることも必要で，そのときには点状や線状の接着の方が外すのが楽だからである。

　接着装置にはいくつかの種類がある。ここでは6種類の接着装置を紹介するが，まずはそのうちの4つ，接着結合* 6-1（adherens junction），焦点接着斑（focal adhesion），デスモソーム，ヘミデスモソームから説明する（**図6·5a**）。

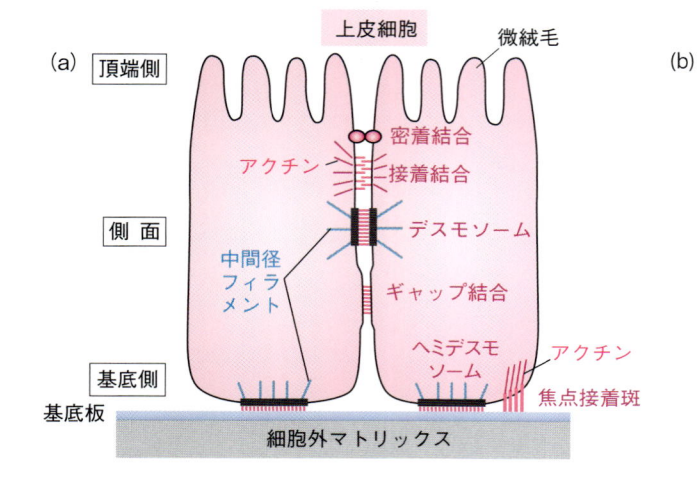

中の 細胞骨格 ＼ 相手	細胞	ECM
アクチン	接着結合 (adherens junction)	焦点接着斑 (focal adhesion)
中間径フィラメント	デスモ ソーム	ヘミデスモ ソーム

図6·5　細胞の接着装置の種類

---

* 6-1　粘着結合ともいう。

　　接着結合と**焦点接着斑**は，ともに細胞の中ではアクチン繊維とつながっている。これら2つはどちらも動的な接着を担う。動的というのは，ひっついたり離れたりすることができる，ということである。細胞は，モータータンパク質の助けを借りて動かなければならない局面がある。このとき，細胞同士，細胞とECMがつながったままだと動くことができない。

　　一方，**デスモソーム**と**ヘミデスモソーム**は中間径フィラメントとつながっている。ちなみに，接着結合，デスモソームは細胞同士をつなぎ止めており，一方，焦点接着斑とヘミデスモソームは細胞とECMをつなぎ止めている。接着結合や焦点接着斑と違い，デスモソームやヘミデスモソームはくっついたり離れたりをあまりせず，安定的な接着に関わる。例えば，分化してしまった皮膚の細胞があちこち動くことはなく，それよりも安定して強度を保った方が個体の維持には有利である。以上4つの接着装置は2行×2列の表で考えることができる（**図6・5b**）。この4つ以外の2つの接着装置については後述する。

　　接着装置にとって，つなぎ止めに直接関わるタンパク質のはたらきはとても重要である。まず，細胞同士の接着装置，つまり接着結合やデスモソームにおいて実際に両者をつなぐもっとも代表的なタンパク質は**カドヘリン**（**図6・6a**）である。カドヘリンは細胞膜に埋まっていて，隣の細胞のカドヘリンとつながっている。カドヘリンにはCa^{2+}イオンが結合する部位があり，これが無くなると隣のカドヘリンとの結合ができなくなる。それ以外のカドヘリンの特徴としては，とても種類が多いこと，そして同じ種類のカドヘリンとだけ結合する（同種親和性という）点が挙げられる。これは，胚発生のように複数種の細胞を1か所に集めることができる点でとても優れた仕組みといえる。同種親和性がないと，細胞がそれぞれ好きな場所に配置され，モザイク状になってしまう。細胞の種類によってあらかじめカドヘリンの種類を変えておけば，そういったごちゃまぜ状態にはならない，というわけである。もう1つ，カドヘリンは細胞内でアクチン繊維と連結されているが，直接結合しているのではなく，仲立ちする別のタンパク質があることが知られて

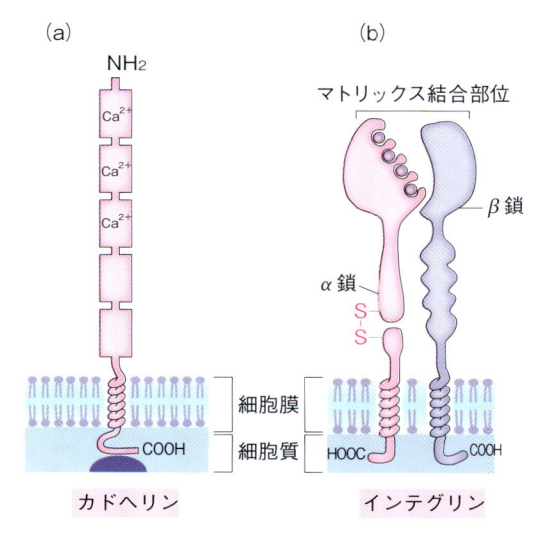

図 **6・6**　接着に関わるタンパク質

いる[6-2]。

　一方，細胞と ECM をつなぎ止めるタンパク質は**インテグリン**である（**図6·6b**）。インテグリンは二量体を形成して，カドヘリンと同様細胞膜に埋まっているが，カドヘリンと違って α 鎖，β 鎖と異なる分子が結合している（互いに違うタンパク質が二量体を形成した複合体は一般的にヘテロダイマーとよばれる）。カドヘリン同様，インテグリンもアクチン繊維と直接結合しているのではなく，両者を仲立ちする別のタンパク質がある[6-3]。

　ここまで 4 つの接着装置について話をしたが，あと 2 つが残っている。それは**密着結合とギャップ結合**である。密着結合は細胞膜上を数珠のようにならんで細胞同士を連結しているが，接着結合とは異なり，点ではなく「線」でつながっている。主な役割は，つながった細胞同士のすき間から液体を通さないようにすることである。実際，血管内皮細胞や心臓などには密着結合が多く存在するが，その理由は血液を漏らさないためである。残り 1 つのギャップ結合では，細胞膜同士が直接つながっている（核膜と小胞体のような関係）。これは，電気的につながっている必要がある細胞同士の連結に一役かっていて，代表的な組織は心筋である。心筋の収縮は細胞膜の脱分極によるが，細胞膜同士がつながっていないと電気的な伝達ができず，心筋の協調的な収縮は不可能であるからである。

6·5　モータータンパク質：細胞を「動かす」道具

　細胞骨格は字のとおり細胞を支える柱のような役割を果たすとともに，細胞のなかで物を動かすときのレールのような役割を果たす。では，そのレールの上を動く「駆動体」は何だろう。それがモータータンパク質である。モータータンパク質は，後述するように自分の形を変えることで，まさに字のごとく動きを生み出す。ここでは，重要なモータータンパク質 3 つについて述べる。

6·5·1　ミオシン

　アクチンとミオシンといえば，骨格筋を構成するタンパク質のセットとして高校生物でも必ず登場する。しかし上に書いたように，アクチンは細胞骨格として働き，ミオシンはアクチン繊維に結合して，モータータンパク質として働く。

[6-2]　α カテニン，β カテニンが知られる。

[6-3]　ビンキュリン，タリンなどが知られる。

　ミオシンの構造を**図6·7a**に示す。2本の大きな分子（重鎖）と複数個の小さな分子（軽鎖）から構成される。重鎖の端は頭部とよばれる丸い構造をしており，ここがアクチンと直接結合する。また，頭部にはATPが結合するが，このATPが加水分解され，そして外れるという3つの段階によって頭の位置が変わり，そしてアクチン繊維にくっつくかどうかが決まる。逆に言うと，ATPの状態がミオシンの状態を決める。

　ミオシンは筋肉の収縮だけでなく，物質の輸送にも関わる。実際，ミオシンは骨格筋だけでなく，筋肉ではない細胞内にも存在している。もう1つの大事な点は，ミオシンはアクチンに対してマイナス端からプラス端に向かって移動することである。つまり，移動の方向性があるということである。

6·5·2　キネシンとダイニン

　残り2つのモータータンパク質である**キネシン**，**ダイニン**は，どちらも微小管に結合する。キネシンは長い鎖2本と短い鎖2本，ダイニンも複数のサブユニットから構成されている（**図6·7b**）。

　ともにミオシン同様「首」をもっていて，この首が動くことで，細胞骨格上を移動することができる。キネシンとダイニンの大きな違いは移動の方向で，

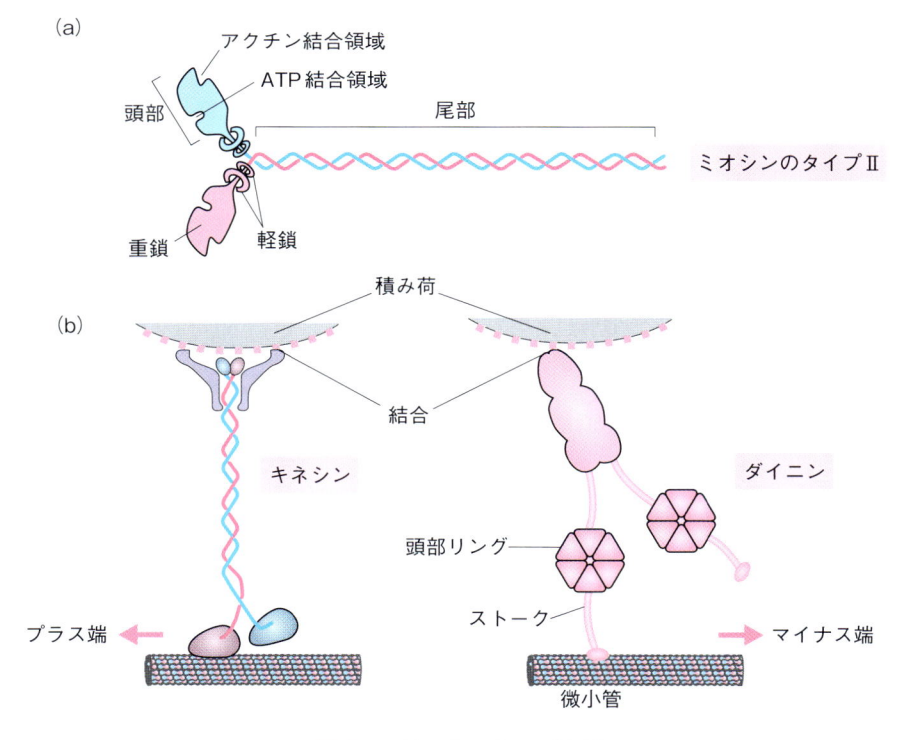

図6·7　モータータンパク質

キネシンは微小管のプラス端に向かって，ダイニンはマイナス端に向かってそれぞれ動く。キネシン，ダイニンともに，細胞内輸送に関わる。ダイニンは鞭毛の運動にも関わる。

6·6　骨格筋の収縮：筋肉の細胞のこと，そしてミオシンの結合と形の変化

　この章で細胞骨格，モータータンパク質のことに触れたが，からだの運動と聞いた多くの人は，筋肉，そして「アクチンとミオシン」のことを思い出すだろう。改めて，筋肉のこと，そしてアクチン・ミオシンがどのように働いて筋肉の収縮を引き起こすかを説明する。骨格筋の筋細胞は，前駆細胞（筋芽細胞という）が融合してできており，そのため多核である。筋細胞のなかには複数の筋原繊維があり，さらに細かく見ると，筋原繊維には**サルコメア**という繰り返し単位が見られる（**図6·8a**）。

　では，筋の収縮はどうやって起こるのか。結局のところ筋収縮は，ミオシンの首振り，そしてアクチン繊維にミオシンがくっつくかどうかで説明できる。その動きを**図6·8b**に示す。図に示すように，このときのポイントはミオシンに結合するATPで，ATPが結合した状態（①），ATPが加水分解された状態（②），リン酸が離れてADPが結合した状態（③），そしてADPがミオシンから外れた状態（④）の4つが，首振り，結合状態の変化をもたらす。筋収縮についてはもう1つ，Ca^{2+}イオンが関係している。実はアクチン繊維には，ミオシンと結合させないようなタンパク質がからまっている。これは，Ca^{2+}イオンがふり

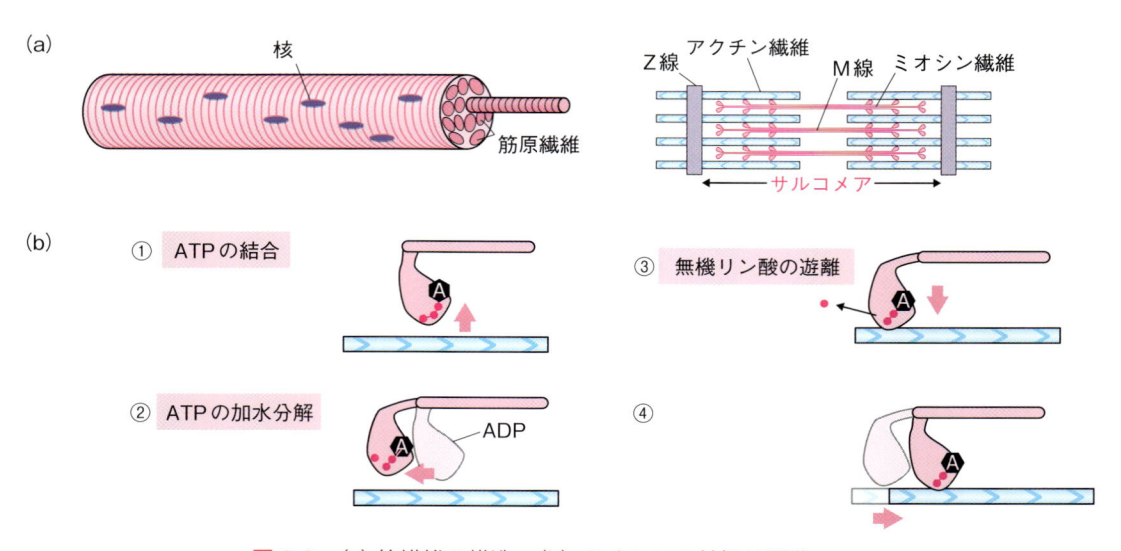

図6·8　(a) 筋繊維の構造，(b) ミオシンの首振り運動

かかることで外れる。つまり，筋収縮は，Ca^{2+}イオンがアクチン繊維にふりか
かるかどうかで制御されている。このことについては，11・4節で改めて説明する。

6・7　細胞運動：細胞の動かし方

　ここまでは主に，細胞を支え動かすための「道具」の説明をしてきた。次に，
実際に細胞をどうやって動かすかということを簡単に説明する（**図6・9a**）。大ま
かに言うと，細胞骨格が細胞のなかから細胞を変形させ動かそうとする。一方，
細胞が動くためのレールの役割は細胞外マトリックスが果たす。1つの細胞が独
立して動くのではなく，細胞群の一部，あるいは全体が動くときには，細胞接
着の制御も必要となる。

　単一の細胞が動く例として，アメーバ運動がよく知られている。これについ
て説明する。細胞が動くときには，まず「床（ゆか）」とくっついている必要が
ある。このとき，ECMと細胞をつなぎ止めるインテグリンを介した焦点接着斑
（➡ **6・4節**）が重要となる。細胞が動こうとするとき，まずは細胞のなかの進行
方向の先端（先導端とよばれる）の部分でアクチンの重合が促進され，膜の内
側が進行方向に伸びる。このような構造を**仮足**とよぶ。仮足が発達すると細胞
膜全体が前方に動き，伸びたような構造は見えなくなるので仮の足とよぶ訳で
ある。

**6
章**

細胞骨格・細胞接着・細胞運動

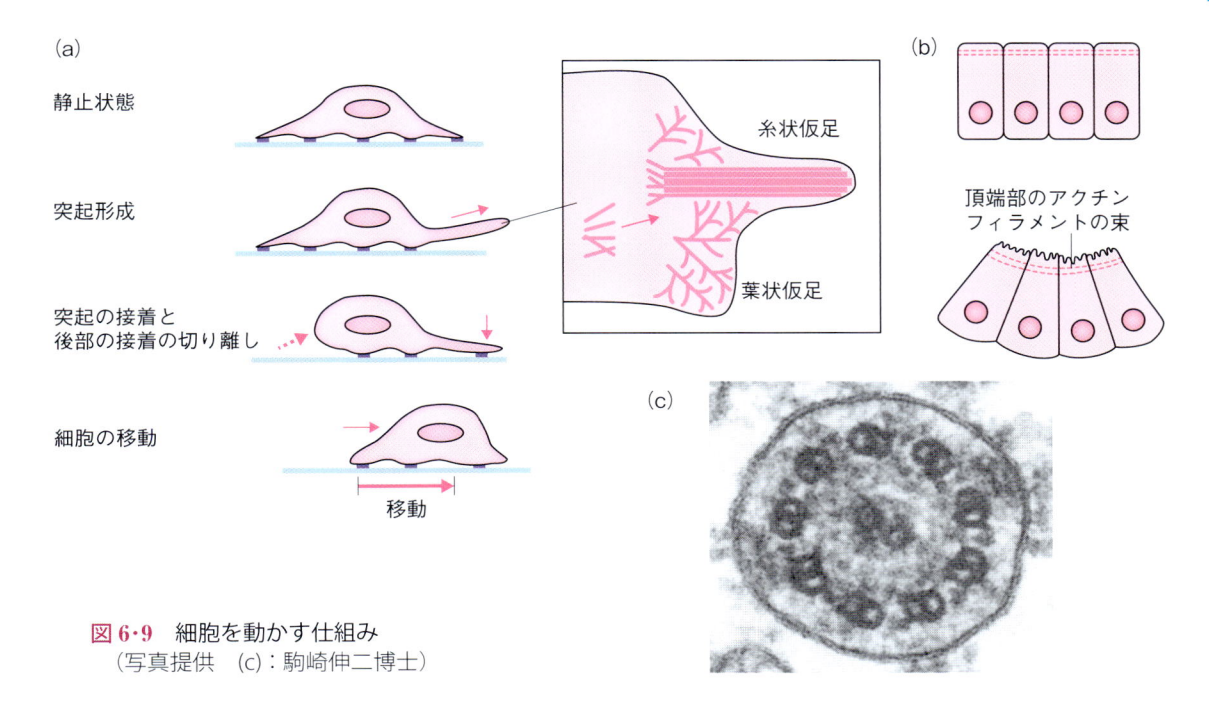

(a)

静止状態

突起形成

突起の接着と
後部の接着の切り離し

細胞の移動

移動

糸状仮足

葉状仮足

(b)

頂端部のアクチン
フィラメントの束

(c)

図6・9　細胞を動かす仕組み
（写真提供　(c)：駒崎伸二博士）

　しかし，これを続けていても細胞が細長く変形していくだけで，移動したことにはならない。次に，細胞が動く方向と逆側で 2 つのことが起こる。1 つは，細胞と ECM との結合の解除である。もう 1 つは，細胞の中にあるアクトミオシン（アクチンとミオシンの複合体をこうよぶ）の収縮である。この 2 つの動きによって，細胞の重心は前方に移動する。つまり細胞が「動く」こととなる。先導端でアクチンの重合が促進されるためには，ある細胞内シグナル伝達経路（➡ 7 章）が働く。このアメーバ運動は，名前がそうだというだけで，アメーバだけのことではない。実は動物におけるさまざまな細胞運動に関わっている。例えば神経細胞が成長円錐を伸ばすこと，両生類胚が原腸形成を行う運動，そしてがん細胞の転移もアメーバ運動によって引き起こされている。

　1 つの細胞だけでなく，細胞群全体が動くことも重要である。細胞が好き勝手に動くと，例えば組織を正しく変形することができない。組織の変形にはいくつかの種類がある。例えば，上皮のようなシート状の細胞群があったとして，その表面側に位置するアクチン（あるいはアクトミオシン）が収縮したとき，1 つの細胞に着目すると，立方体が四角錐の形になる。これが全部の細胞で起こると，細胞同士は接着しているのでシート状組織は凹む（図 6・9b）。また，細胞が中央に集まるように移動すると，真四角の組織が長方形に変形する（図 13・8a ②を参照）。このような変形もまた，1 つ 1 つの細胞を捉えると，細胞骨格とモータータンパク質の働きであり，細胞接着や ECM のコントロールによって実現し

細胞外マトリックスと美容

　とあるラーメン店に行くと，例えば「豚骨ラーメンはコラーゲンたっぷり，お肌がすべすべに」といったことが書かれていたりする。なぜそのように書いているのか。そしてそれは果たして本当なのか。

　まず，豚骨には骨や軟骨に，コラーゲンをはじめとする細胞外マトリックス（ECM）が大量に含まれている。そのため，ダシを取るために豚骨を水で長時間煮ると，ECM が外に溶け出る。結果としてダシには ECM がたくさん含まれることになる。

　さて，私たちの皮膚もまた，ECM が多く含まれている。もちろん ECM が欠乏すると皮膚には大きな影響が生じる。しかし，ECM（例えば豚骨ラーメン）を食べ，それが吸収されて皮膚に到達し，そしてお肌をすべすべにするのかというと，かなり疑問である。近年の研究では，経口摂取のコラーゲンも体内に取り込まれるという報告もあるようだが，きわめて限定的であると考えるのが自然である。また，ヒアルロン酸が配合された化粧品なども，ECM として皮膚の成分になるというよりは，ヒアルロン酸がもつ保水性が皮膚に良い影響を与えるのだろう。日常生活ではさまざまな化粧品や健康食品の広告が目につくが，生命科学の勉強を通して，その有効性について正しく判断できるようになってほしいと希望する。

ている。

　精子や大腸菌などがもつ鞭毛にも少し触れる。鞭毛は細胞の外側にあり，接着を伴わずに移動することができる。たとえると，前述のような接着を伴う運動は陸上の足やタイヤ，接着を伴わない運動は水中のスクリューのようなものである。鞭毛の中には微小管があるが，細胞１つを動かすには，アクチンより太いといえども微小管１本ではなんとも弱すぎる。そのため，鞭毛の微小管は特殊な構造をしている。「9 ＋ 2」**構造**といわれる構造で，２本がつながったような微小管が９つ配置され，さらに中には２つの微小管が配置している（**図6・9c**）。これによって鞭毛の強度を増しているのである。

6 章の練習問題

問 1　以下の文章の　　　の中に入る，もっとも適当な語を答えよ。

　細胞群が組織を構築するためには，細胞同士，あるいは細胞と細胞外マトリックスとをつなぎ止める接着装置が必要である。接着装置のうち，接着結合では，膜タンパク質である　①　を介して細胞同士が接着しており，細胞内では細胞骨格である　②　とつながっている。同じく焦点接着斑も細胞内では　②　とつながっているが，細胞外は細胞外マトリックスと　③　を介してつながっている。デスモソームやヘミデスモソームは，細胞内では　②　ではなく　④　とつながっている。

問 2　以下の表の (a) 〜 (j) を埋めよ。

	アクチン	微小管	中間径フィラメント
構成単位	(a)	(b)	ケラチンなど
繊維の太さ	(c)	(d)	中間
重合・脱重合	(e)	(f)	(g)
重合に必要なヌクレオチド	(h)	(i)	(j)

問 3　モータータンパク質について，以下の問いに答えよ。

(a) ミオシン，キネシン，ダイニンはそれぞれアクチン繊維，微小管のどちらと結合して働くか，答えよ。

(b) ミオシン，キネシン，ダイニンには運動の方向性がある。アクチンまたは微小管に対して，それぞれプラス端，マイナス端のどちらに向かって運動するか，答えよ。

7章 シグナル応答と細胞内シグナル伝達
— 細胞が情報を得る方法 —

　細胞のまわりを取り囲む環境は，時々刻々と変化する。気温が上がったり下がったり，雨が降ったり乾燥したりする。それだけではなく，細胞のまわりにはさまざまな化学物質などがやってくる。このような多種多様な「刺激」に対して，細胞は応答する。

　それでは，細胞の応答とはいったい何か。なぜ応答が必要か。そして，それはどのようにして行われているのか。この章では，細胞内シグナル伝達系とよばれる，細胞外の刺激に応答した細胞がその情報をどのようにして伝えるか，について説明する。この内容は，生命現象全体に共通のもので非常に重要な概念なのだが，高校ではあまり触れられない内容である。そういう意味では，大学で学ぶ生物学の重要分野の1つともいえるので，しっかりと理解してほしい。

> ### 高校「生物基礎」で学んだこと
>
> 　上記のように，高校生物ではほとんど学習していない分野である。あえて挙げると，
> ・外界からの温度，光，化学物質などの刺激に対して，生物は様々な反応を示す。
> くらいだろう。受容体という言葉くらいは聞いたことがあるかもしれない。

7・1　シグナル応答の概要

　そもそも，細胞が受け止める**情報**とは何だろうか。近年いろいろな研究があるが，基本的には「モノ」，例えばタンパク質，または化学物質であると考えてよい。これらを**シグナル分子**とよぶ。

　シグナル分子が細胞外にたくさんあると，そのことを細胞は検知する。具体的には，細胞膜に埋め込まれている**受容体**にシグナル分子が結合する。これが細胞のシグナル応答の第一歩である（**図7・1**）。

　受容体に結合するシグナル分子を**リガンド**とよぶ。リガンドはホルモン，成

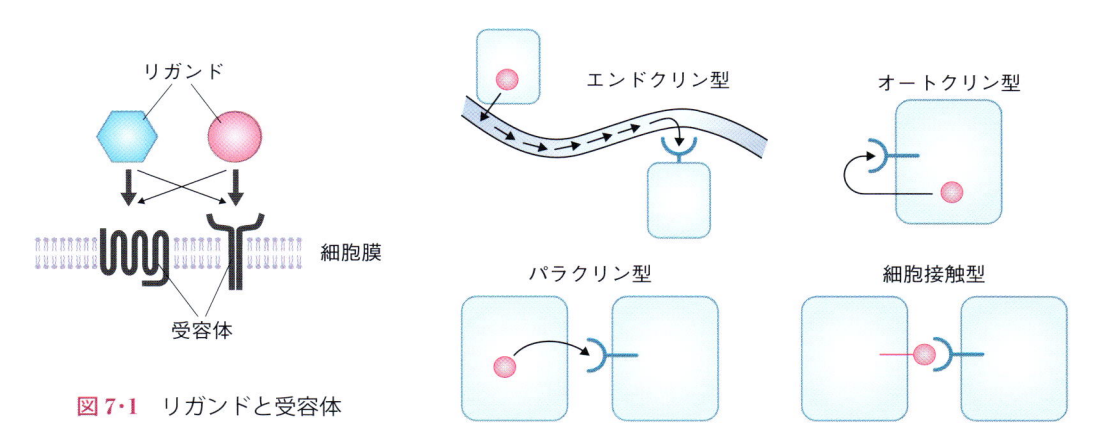

図7·1　リガンドと受容体

図7·2　シグナル分子の移動経路

長因子など，たくさんの種類が知られており，またそれぞれのリガンドには専用の受容体が準備されている。

　それでは，リガンドはどこからやってくるのだろうか。これについては，いくつかの分類ができる（**図7·2**）。すぐ横の細胞からリガンドがやってくる場合（**パラクリン**），自分自身がリガンドを出す場合（**オートクリン**），ホルモンのように遠くの細胞からリガンドがやってくる場合（**エンドクリン**）などが挙げられる。

　では，受容体とリガンドが結合すると，何が起こるのだろうか。簡単に言うと，受容体そのものが変化する。特に，細胞質側の変化（形の変化や官能基の修飾など）が引き起こされる。

　すると，例えば受容体に別のタンパク質が結合したり，受容体そのものに酵素活性がある場合はその活性が上昇し，別のタンパク質に影響を与える。こういった変化は，1つのタンパク質の変化ではなく，複数のタンパク質に対して順番に引き起こされていく（**図7·3**）。これが，シグナル「伝達」機構とよばれるゆえんである。

　その最終地点はどこか。後述するように，1つは核内の遺伝子，つまり遺伝子の発現変化である。他にも，細胞の中に存在する酵素活性の変化による物質の生産なども挙げられる。

　次に，タンパク質の「変化」について，

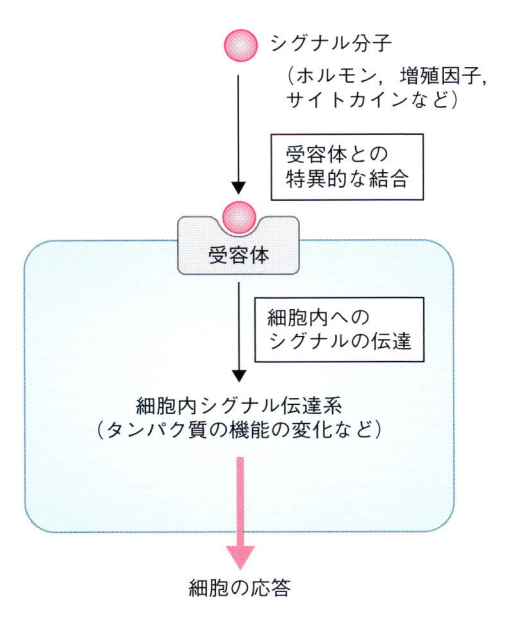

図7·3　細胞内シグナル伝達の概念

もう少し詳しく説明する。

7・2　シグナル伝達をつかさどる細胞内タンパク質の変化

最終的に転写をうながすまで，受容体の変化から何が起こるのか。答えは，間をとりもつ物質の変化である。それはどのような変化なのか。いくつかの種類があり，シグナル分子の構造変化であったり，シグナル分子に低分子が修飾されることであったりする。ここでは2つに絞って例を示す。

7・2・1　リン酸化

リン酸化はシグナル伝達で頻出する，タンパク質の変化である（**図7・4**）。タンパク質のうち，決められたアミノ酸がリン酸化されると，そのタンパク質が活性化される（構造が変化することに起因する）。リン酸化される可能性があるタンパク質は**セリン**，**スレオニン（トレオニン）**，**チロシン**の3種類である。これらに共通するアミノ酸の特徴はわかるだろうか。すべて，側鎖にOHが含まれている（➡図3・2）。リン酸基を結合するために，OH基は反応の優位性があるからである（リン酸基を結合させやすい）。ちなみにリン酸基はどこから供給されるかというと，例によって**ATP**から供給される。

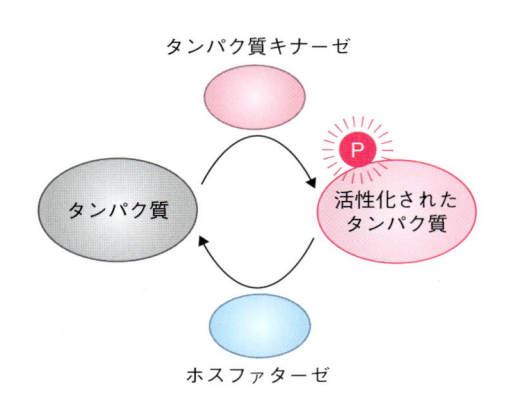

タンパク質キナーゼ

P

活性化された
タンパク質

タンパク質

ホスファターゼ

図7・4　リン酸化

このリン酸化は，**タンパク質キナーゼ**（あるいは単にキナーゼ）とよばれる酵素によって起こる。ひとたびリン酸基が付加されると二度と外れないかというとそうではなく，リン酸基を外す酵素もある。これを**フォスファターゼ**（脱リン酸化酵素）とよぶ。つまり，リン酸基をつけたりはずしたりすることで，タンパク質の活性を上げたり下げたりできるというわけである。

7・2・2　Gタンパク質

シグナル伝達では，GTPもまたよく登場する。ある種のタンパク質では，GTPが付加されることでタンパク質の状態が変化し，反応性を活性化させるものがある。これを**Gタンパク質**と総称する（**図7・5**）。Gタンパク質の場合はリン酸化と異なり，GTPのあるなしではなく，GTP結合型かGDP結合型かによっ

てタンパク質の活性を制御する。

　以上，２つの例を示した。この
ようにシグナル伝達は，タンパ
ク質があるかないか，ではなく，
タンパク質の「ちょい足し」の
有無に由来する。それはなぜか。
１つの理由は，シグナル伝達が速
やかにできるから，ということ
が挙げられる。それ以外の理由
は，7·5 節で述べる。

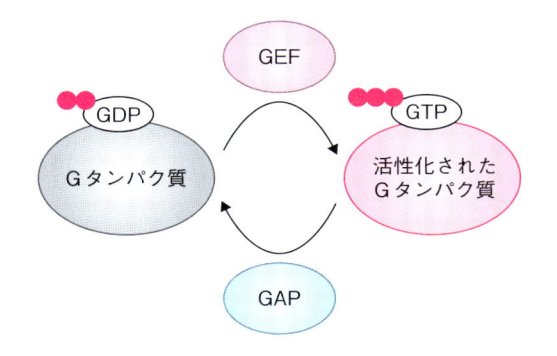

図 7·5　G タンパク質
GEF はグアニンヌクレオチド交換因子，
GAP は GTP アーゼ活性化タンパク質の略。

7·3　シグナル伝達の例1：アドレナリンを起点とする細胞内シグナル伝達経路

　この本では，細胞内シグナル伝達経路の例を２つだけ示す。まず１つ目に，
アドレナリンが細胞外に存在する状況から，**A キナーゼ**とよばれるタンパク質
キナーゼを経由して，細胞内の**グルコース生成**に至る経路について説明する（**図
7·6**）。
　細胞外のアドレナリンがアドレナリン受容体と結合すると，そばにある G タ

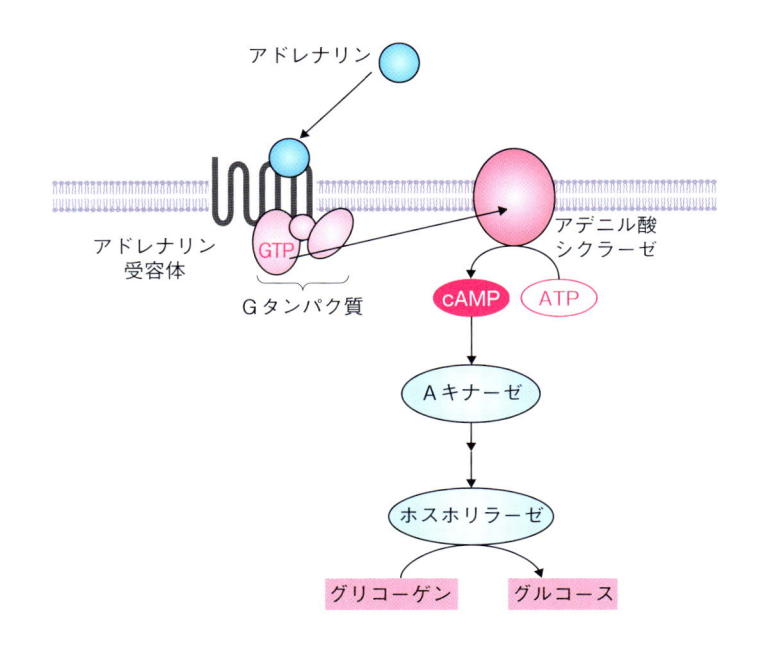

図 7·6　細胞内シグナル伝達経路の例 1：A キナーゼ経路

7 章

シグナル応答と細胞内シグナル伝達

ンパク質に GTP が付与されて活性化する。すると，さらに近くにあるアデニル酸シクラーゼが活性化される。なお，「シクラーゼ」より「サイクレース」の方が意味をとりやすい。要は ATP の糖とリン酸の部分を環状にする酵素で，ATP が **cAMP** という物質に変換される。この cAMP は A キナーゼを活性化する作用がある。A キナーゼは活性化されると，ホスホリラーゼキナーゼというタンパク質をリン酸化する。リン酸化酵素であるキナーゼがリン酸化によって活性化されることはよくある（混乱しないよう注意）。ホスホリラーゼキナーゼがホスホリラーゼ（グリコーゲンホスホリラーゼ）を活性化，ホスホリラーゼはグリコーゲンを分解してグルコースをつくり出す。これが，アドレナリンが血糖値を上げる仕組みである。

7·4　シグナル伝達の例2：シグナル分子 FGF を起点とする細胞内シグナル伝達経路

　2つ目に，細胞外のシグナル分子である **FGF タンパク質**が，細胞質に存在するタンパク質を経由して核内にある遺伝子の転写を調節する仕組みを説明する（**図 7·7**）。

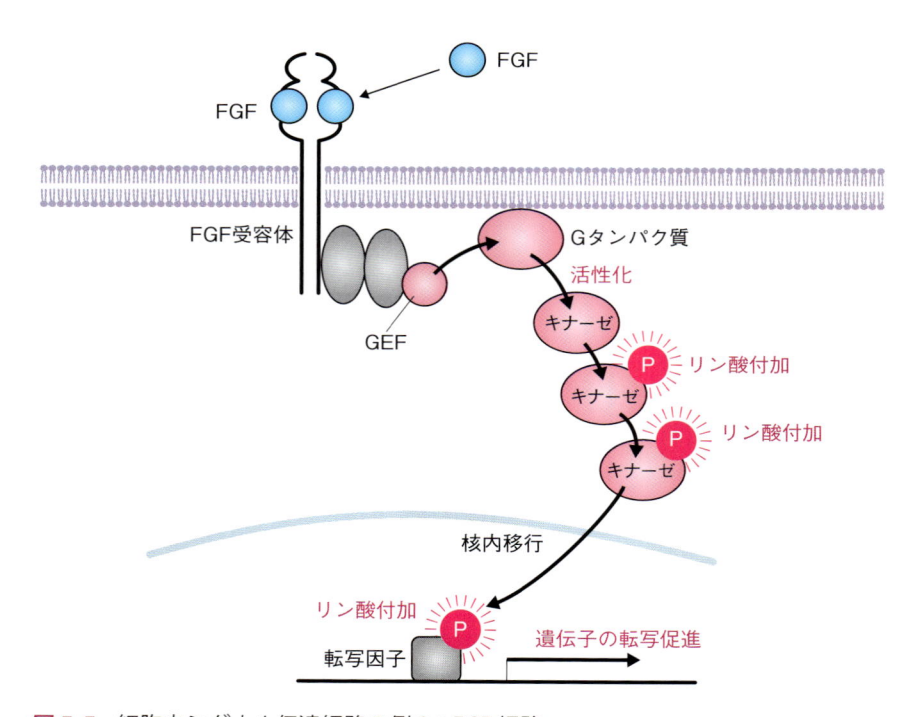

図 7·7　細胞内シグナル伝達経路の例 2：FGF 経路
　理解しやすいようキナーゼの名前は省いているが，上から Raf，MEK，ERK という名前がある。

　FGF はタンパク質であり，もちろん他の細胞で翻訳され，細胞外に分泌されたものである。タンパク質の分泌機構については，9 章で説明する。FGF タンパク質は，受容体である **FGF 受容体**に結合する。すると，FGF 受容体は自分自身をリン酸化して構造を変化させる（自己リン酸化という）。そのことを感知して，細胞質に存在するいくつかのタンパク質が順番に活性化されていき，ある**キナーゼ**を活性化する。FGF シグナル経路では，このキナーゼが活性化されることで，別のキナーゼがリン酸化される。

　興味深いのは，ここでもリン酸化酵素がリン酸化によって活性化される点で，FGF 経路では，これが順次行われる。つまり，キナーゼ自身がリン酸化される➡他のキナーゼにリン酸基を修飾する➡そのキナーゼがリン酸化される➡他のキナーゼにリン酸基を修飾する……といった具合である。一連のタンパク質の活性化が起こった後，核の中のあるタンパク質（キナーゼではない）がリン酸化され，転写因子としてエンハンサー領域，あるいはエンハンサー結合タンパク質に結合して**標的遺伝子の転写を促進**する（➡ 10 章）。

7・5　シグナル伝達の多様性と存在の意味

　以上，2 つの代表的なシグナル伝達経路について詳しく説明した。実は，細胞の中には非常に多くの種類のシグナル伝達経路があり，それらが混乱することなく正しく細胞外の情報を伝える。場合によっては複数の伝達経路が統合されることもある。このような多様性は，さまざまな細胞外の情報に対して複雑な応答を可能にする。例えば発生・分化では，この多様な応答システムによって分化細胞の種類が増え，からだの構築を複雑にすることを可能にしている。

　さて，ここでふとこう思うかも知れない。リガンドが直接細胞，あるいは核の中に入ってきて転写を調節すればいいのではないかと。しかし 2・1 節で述べたように，タンパク質が細胞膜を通過するためには，受容体より大がかりな装置が必要となる。そしてシグナル伝

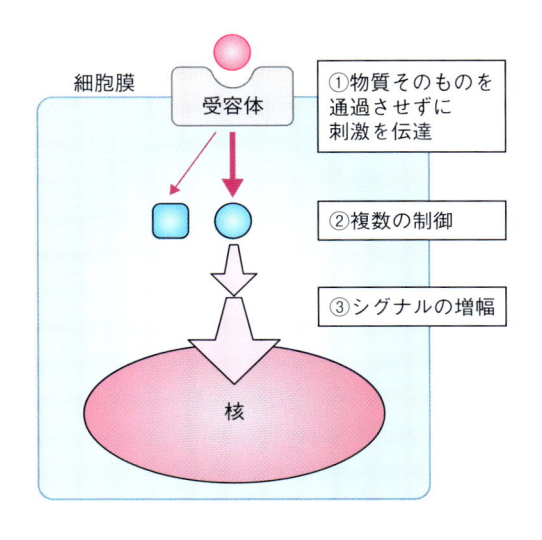

図 7・8　細胞内シグナル伝達の意義

達経路のもう1つのメリットは，シグナルの「増強」である。シグナル分子1つは，あくまで分子1つ分の情報（強度）しかない。しかし，受容体との結合によるタンパク質の変化は，強度を1以上にすることが可能である。なぜなら，タンパク質の変化は酵素としての活性の上昇を引き起こすことで，原理的には強度をいくらでも大きくすることができるからである。また，仮に2倍に強度が増えるとして，その伝達が複数回連続すると，指数関数的にシグナルを増強することができる（図7·8）。さらにもう1つ，シグナル分子が入ってくると，それ自身を排除する仕組みも必要となるが，シグナル伝達経路を使えばその必要がない。

　こういったことを考えると，細胞膜で隔離された，複数のタンパク質を介した情報伝達のメリットが理解できるだろう。

7·6　シグナル伝達と「制御された」タンパク質分解

　7·2節で触れたように，シグナル伝達は細胞内のタンパク質の変化を介して起こる。ということは，シグナル伝達に関係するタンパク質が分解されてしまうと，シグナルの伝達は起こらなくなる。逆に言うと，このタンパク質の分解を制御する仕組みがあれば，それはとりもなおさずシグナル伝達機構の一部に含めることができるわけである。ここでは，タンパク質の分解経路のうち，有名なものとして**ユビキチン化**に触れる。

　ユビキチンは76アミノ酸からなる小さなタンパク質である（図7·9）。これが，いろいろなタンパク質に結合する。さらに，結合したユビキチンに別のユビキチンがつくことで，タンパク質が**ポリユビキチン化**する。すると，これを目印にして**プロテアソーム**とよばれる分解装置が近寄ってきて，タンパク質ごと分解してしまう（図7·9）。

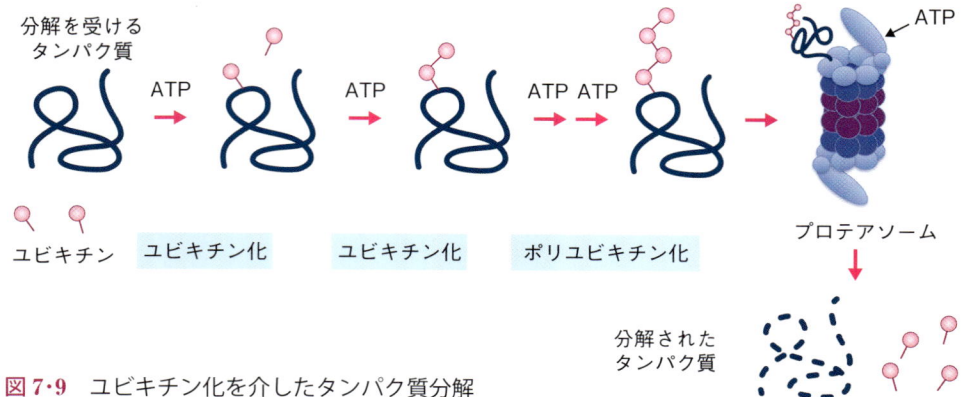

図7·9　ユビキチン化を介したタンパク質分解

ユビキチンの結合はユビキチンリガーゼという酵素が担っているので，ユビキチンリガーゼの働きを調節することで，シグナル伝達に関わるタンパク質の量を調節し，ひいてはシグナル伝達そのものを制御するということにつながる。

細胞内でシグナルを伝える低分子メッセンジャー

カルシウム，といえば，骨に含まれる物質であることがまず頭に浮かぶ。しかし，カルシウム（正確にはカルシウムイオン（Ca^{2+}））は，細胞内シグナル伝達経路でも重要な役割を果たす。まずそのためには，細胞内のカルシウムの濃度を低く抑えておく必要がある。実際，細胞外の Ca^{2+} 濃度は数 mM であるのに対し，細胞内の濃度はその 100 分の 1 くらいで，非常に低い。どのように低く抑えているかというと，これは小胞体の中に蓄えられることによる。

あるリガンドが細胞に近づき受容体と結合すると，対応するシグナル経路が働く。それによって小胞体の Ca チャネルが開き，蓄積されている Ca^{2+} が細胞質基質に放出される。これが細胞内でのシグナル伝達物質として働く。このような物質をセカンドメッセンジャーとよび，本文で説明した A キナーゼの活性化に働く cAMP もセカンドメッセンジャーの 1 つである。タンパク質の活性調節にこのような低分子の物質が使われる理由ははっきりしないが，大きい分子よりも使いやすいことがその 1 つかもしれない。

7章の練習問題

問1 リン酸化について，以下の問いに答えよ。
  a) リン酸化をうけるアミノ酸残基を 3 つ挙げよ。
  b) タンパク質のリン酸化を行う酵素，脱リン酸化を行う酵素はそれぞれ何か。

問2 アドレナリンを起点とする細胞内シグナル伝達経路について，以下の問いに答えよ。
  a) アデニル酸シクラーゼによって，何が何に変換されるか。
  b) A キナーゼが活性化されてからグリコーゲンが分解されるまでの過程を説明せよ。

問3 細胞内シグナル伝達経路が存在することの意義について，リガンドが直接細胞内に入ることと対比させて説明せよ。

7章

シグナル応答と細胞内シグナル伝達

8章 細胞分裂と細胞周期
― 細胞はどうやって増え，個体は子孫を残す？ ―

受精卵は1つの細胞である。多細胞生物は，自らの個体をつくるために細胞を増やす必要があるし，単細胞生物でも個体を増殖させるため，細胞を分裂させて数を増やす必要がある。逆に，その仕組みが破綻すると，がんのような重篤な疾患に発展する。そもそも細胞を増やすとはどういうことだろう。そしてそれはどのように制御されているのか。

この章では，細胞分裂・細胞周期について，わかりやすく概説する。

高校「生物基礎」で学んだこと

- 細胞は分裂期と間期を繰り返す。これを細胞周期とよぶ。細胞周期は M 期，G_1 期，S 期，G_2 期からなる（図 8·1）。M 期は細胞の分裂，S 期は DNA の複製を行う。G_1 期は DNA 複製の準備，G_2 期は細胞分裂の準備期間である。
- M 期は前期，中期，後期，終期からなり，前期では核膜の分散と染色体の出現，中期では染色体の中央整列，後期では相同染色体の分配，終期では核膜の再集合と細胞質分裂が起こり，細胞分裂が完了する。
- 細胞分裂は動物細胞と植物細胞で様式が異なる。特に終期において，動物細胞では収縮環によって細胞がくびれるが，植物細胞では分裂板の出現によって細胞分裂が生じる。

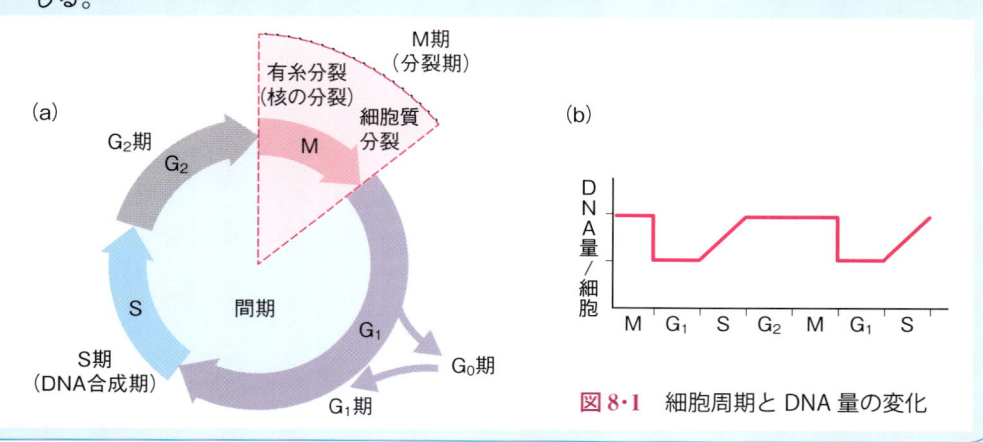

図 8·1　細胞周期と DNA 量の変化

8·1 細胞分裂

　細胞分裂は，細胞の観察をしている中でもっとも変化がはっきりわかるので，顕微鏡の発見以降よく研究されてきた。その中でも最大の変化は細胞が1つから2つに増えることであるが，その直前も，細胞内では染色体の出現をはじめ，さまざまな変化が見て取れる。それらを順に説明する。

8·1·1　体細胞分裂と減数分裂

　細胞分裂には，大きく分けて**体細胞分裂**と**減数分裂**の2つがある（**図8·2**）。体細胞分裂は，私たちのからだを構成する体細胞，あるいは単細胞生物における個体増殖のときに起こる分裂である。一方，減数分裂は，生殖細胞を生み出すときに起こる細胞分裂で，両者の大きな違いは染色体（あるいはゲノムDNA）の分配方法である。減数分裂では，簡単に言うと細胞分裂が2回行われ，その結果DNA量が体細胞の半分になる。その理由は，半分にしておかないと，受精による精子と卵子の融合で体細胞のDNAの量が2倍になってしまうからである。

　各細胞周期でのDNA量の変化は図8·1bのグラフに示してある。これを見て，どの時期には1つの細胞にDNAがどれくらいあるか，ということを再認識してほしい。

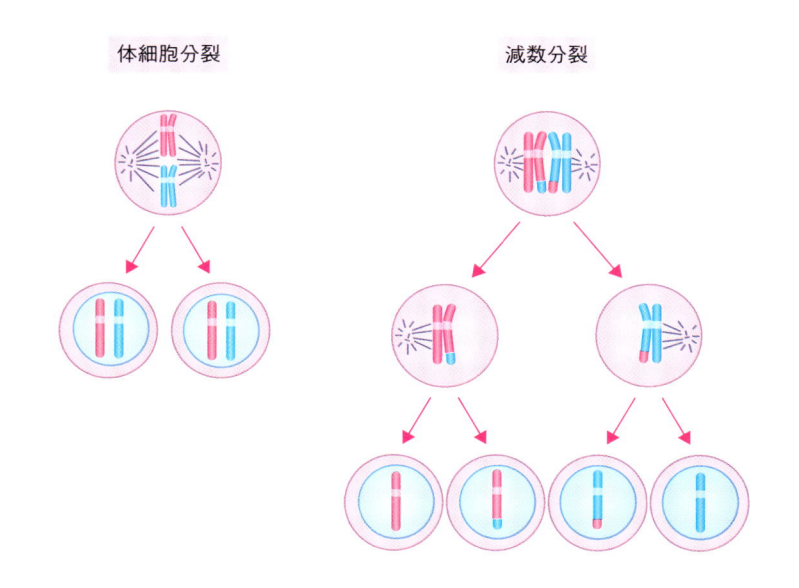

図8·2　体細胞分裂と減数分裂

8·1·2　体細胞分裂 （図8·3）

a. 前期～前中期

　前期のもっとも大きな特徴は**染色体の凝縮**である。また，**中心体**が核をはさんで対極の位置に移動し，**紡錘体の形成**が始まる。紡錘体は微小管でできており，細胞骨格の章（**➡ 6·2節**）で述べたように，重合・脱重合が頻繁に起こる性質をうまく使っている。また，中心体には小さな微小管が2つ含まれており，紡錘体の起点となっている。なお，中心体は動物細胞には存在するが植物細胞にはない。

　前中期には，核膜が分散する。かつての教科書には「消失する」と書かれていたが，実際には完全に消失するのではなく，ある程度細かく分断され，細胞分裂終了時に再度集合する。また，染色体が紡錘体に結合する。

b. 中期～細胞質分裂

　中期に入ると，染色体は細胞の中央（赤道面とよばれる）に並べられる。さらに後期になると，紡錘体が染色体をひっぱるため，染色体は細胞の「端」に移動する。このとき，染色分体は正しく分配され（娘細胞），どちらかの端に2つとも移動することはない。その後，終期では紡錘体が消失し，分散していた核膜が染色体を取り囲むようになる。また，細胞のちょうど真ん中付近がくびれ，2つの細胞が生み出される（分裂溝とよばれる）。真ん中のくびれは，アクチン

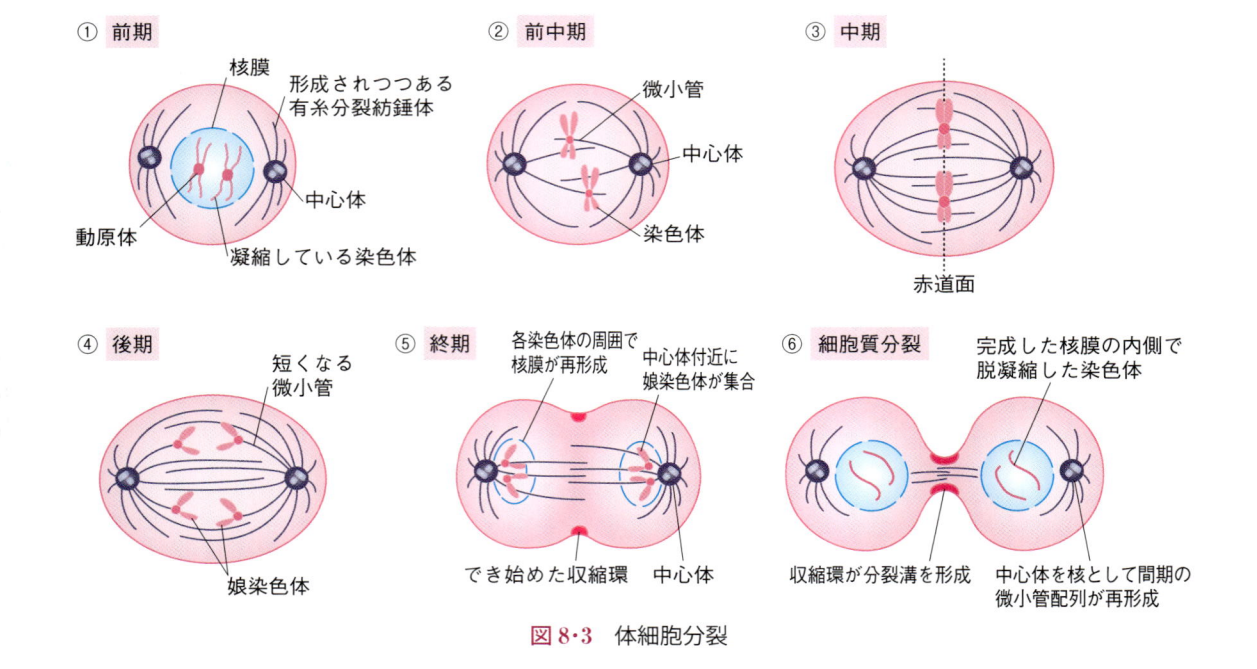

① 前期　核膜／形成されつつある有糸分裂紡錘体／中心体／動原体／凝縮している染色体

② 前中期　微小管／中心体／染色体

③ 中期　赤道面

④ 後期　短くなる微小管／娘染色体

⑤ 終期　各染色体の周囲で核膜が再形成／中心体付近に娘染色体が集合／でき始めた収縮環／中心体

⑥ 細胞質分裂　完成した核膜の内側で脱凝縮した染色体／収縮環が分裂溝を形成／中心体を核として間期の微小管配列が再形成

図8·3　体細胞分裂

繊維からなる**収縮環**がまさに「収縮」することによって行われる。

8·1·3　減数分裂 （図8·4）

体細胞分裂では細胞分裂は1回だけ起こるが，減数分裂では，細胞分裂が2回起こる。染色体の分配ももちろん2回起こる。

1回目の細胞分裂（**第一減数分裂**とよばれる）では，倍化した相同染色体を半分に分離するのではなく，相同染色体同士の分配が起こる。このとき，二価染色体となった染色体は相同染色体同士で結合しているので，ほぼ同じ配列の染色体が都合4本並んでいるように見える。このとき4本がきれいに整列していればいいのだが，4本のうち2本については，多くの場合1か所以上でねじれが生じている。このことを染色体の**乗換え**といい，ねじれた場所を**キアズマ**とよぶ。乗換えのため，4本の染色体のうちの2本が，ちょうど2種類の染色体がまざったような感じに分配される。キアズマは染色体の分配に必要とされる構造であって，決して染色体分配のエラーではない。また，染色体の多様性を生み出す上でも重要である。

2回目の分裂（**第二減数分裂**）では，体細胞分裂と同じように，倍化した染色体が分離して各細胞に分配される。

こうして，体細胞とは異なり，各生殖細胞は相同染色体を1本しかもたない。

(a)

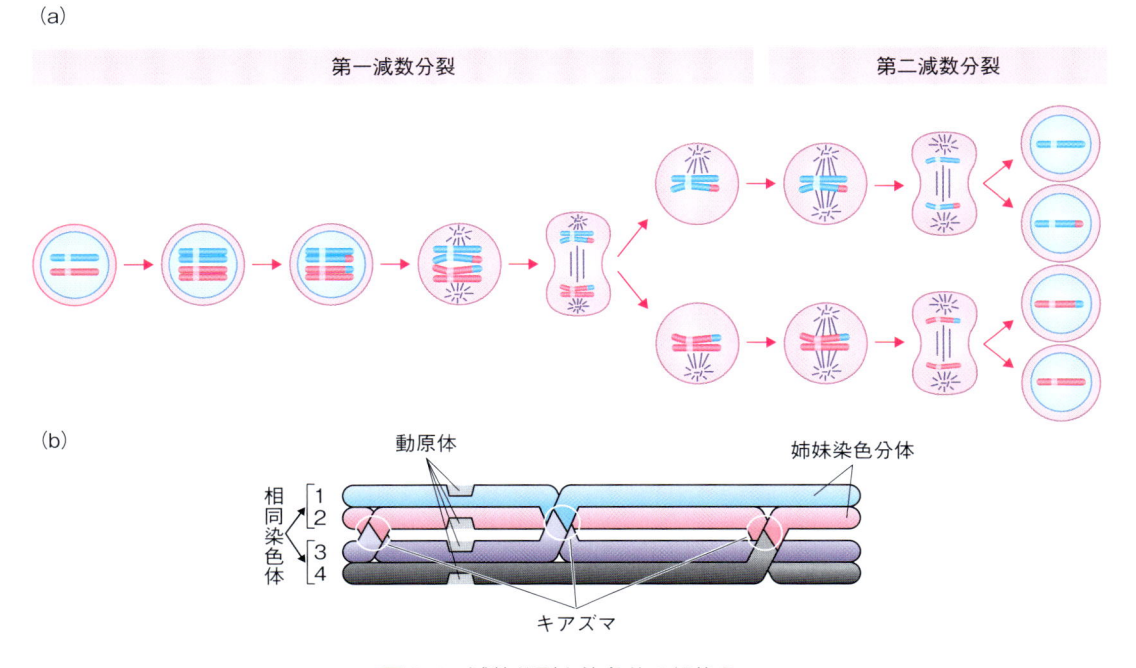

(b)

図8·4　減数分裂と染色体の組換え

つまり体細胞の半分の DNA 量の生殖細胞がつくり出される。

8·2 　細胞周期の分子機構① : サイクリンと CDK

　あたりまえであるが，細胞は常に分裂しているのではなく，分裂していない
時期もある。このとき，細胞の働きが止まっているのかというとそうではなく，
細胞分裂にむけてさまざまな準備を行っている。逆に言うと，準備が整ってい
ないときには細胞は分裂してはいけない。また，無尽蔵な増殖は生物にとって
は大きな問題となるため，不必要なときには細胞周期そのものを止めておく必

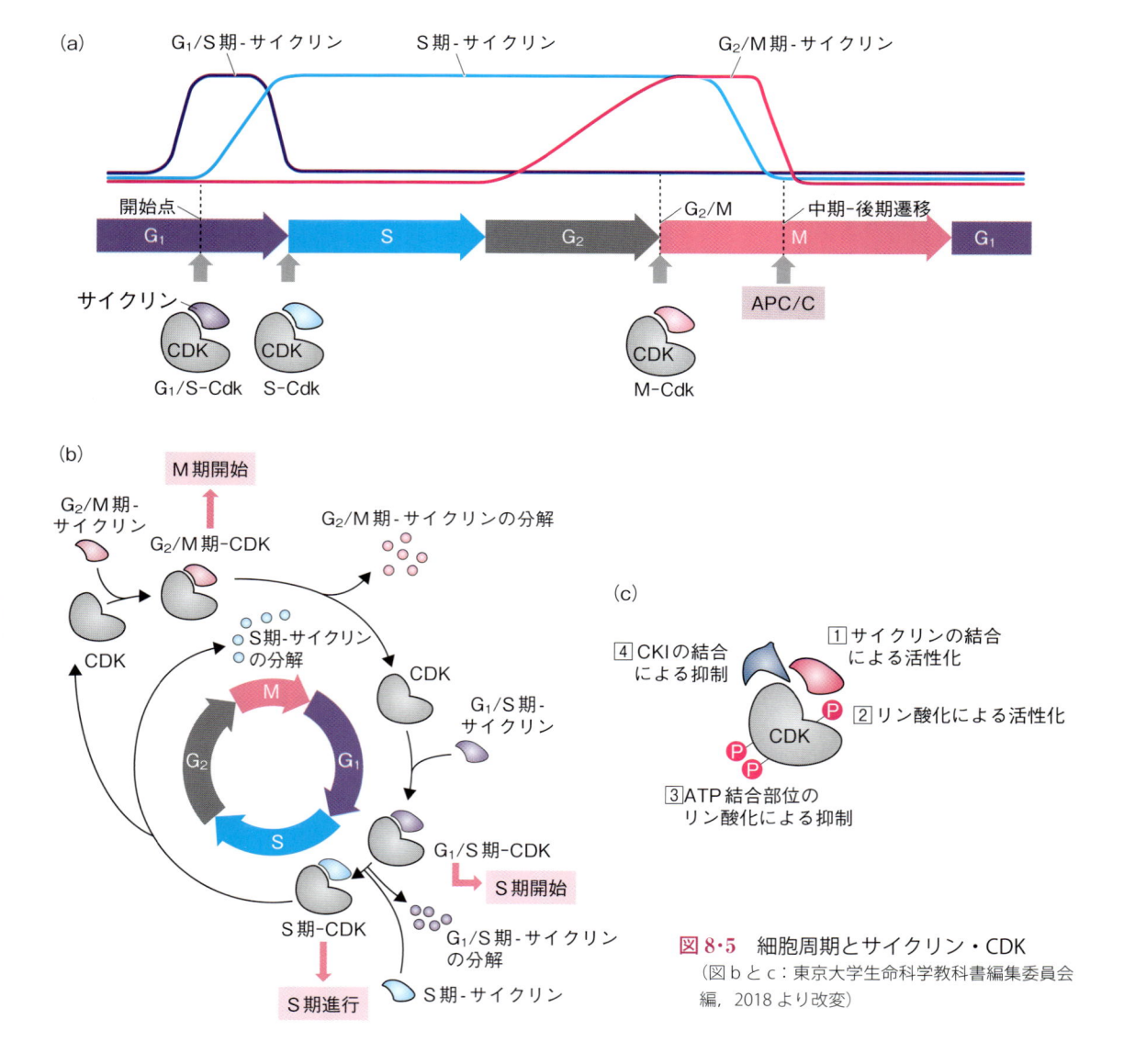

図 8·5　細胞周期とサイクリン・CDK
（図 b と c：東京大学生命科学教科書編集委員会
編，2018 より改変）

要がある。では，この細胞周期を調節する実体は何であろうか。

　細胞周期をコントロールする重要なタンパク質が**サイクリン**と**CDK**（サイクリン依存性キナーゼ）である。細胞周期を簡単に説明すると，CDKの状態の違いによって，細胞はDNAを複製したり分裂したりする。CDKの状態の違いは，基本的にはサイクリンがあるかないかで決められている。CDKとサイクリンは互いに結合し合い，CDKはサイクリンが結合すると活性化される。つまり，細胞周期が「回る」というのは，あるタイミングでサイクリンが登場し，CDKを活性化して細胞分裂やDNA複製を起こし，そしてサイクリンが壊れるとCDKの活性がなくなる，ということに置き換えることができる（図8・5a）。

　実際には，サイクリンがCDKにくっつくだけで細胞周期が進行するかというとそうではなく，もう少し複雑な過程を通る。1つは，CDK自体がリン酸化をうけることも，CDKの活性化には必要である。逆に，CDKのATP結合部位がリン酸化されるとCDKの活性が抑制される制御もあり，このリン酸が外れるとCDKは活性化される。さらには，CDKにくっついてCDKの活性を阻害するタンパク質（CKI）がある。以上のような複数の制御によって細胞周期がコントロールされている（図8・5b）。

　ところで，細胞周期が逆に回らない理由は何だろうか。これは，こういった一連の反応，例えばサイクリンの分解が不可逆反応だからである。つまり，新しくサイクリンをつくる反応を活性化するためには，1回細胞周期を回す必要があるからであり，それが細胞周期の一方通行性を実現している。

8・3　細胞周期の分子機構②：細胞周期のチェックポイント機構

　細胞が正しく分裂することは意外と難しい。異常があるまま細胞分裂すると，それは異常な細胞の数を増やすことにつながる。それを防ぐため，細胞周期チェックポイント機構が備わっている。もし何か異常があったとき，この機構が働くと細胞周期の進行が止まる。例えば，G_1/S期チェックポイントにおいてDNA複製の準備が整っていないと，DNAポリメラーゼの活性が低く抑えられたままになる。いくつかの具体例を挙げる（図8・6）。

　DNAがX線や紫外線で損傷を受けると，**TP53**（またはp53）とよばれるタンパク質が活性化し，*p21*という遺伝子の転写を上昇させる。このp21というタンパク質は上で説明したCKIの1つで，細胞周期の進行を阻害する。つまり，DNAの損傷を察知して細胞周期が止まる，というわけである。

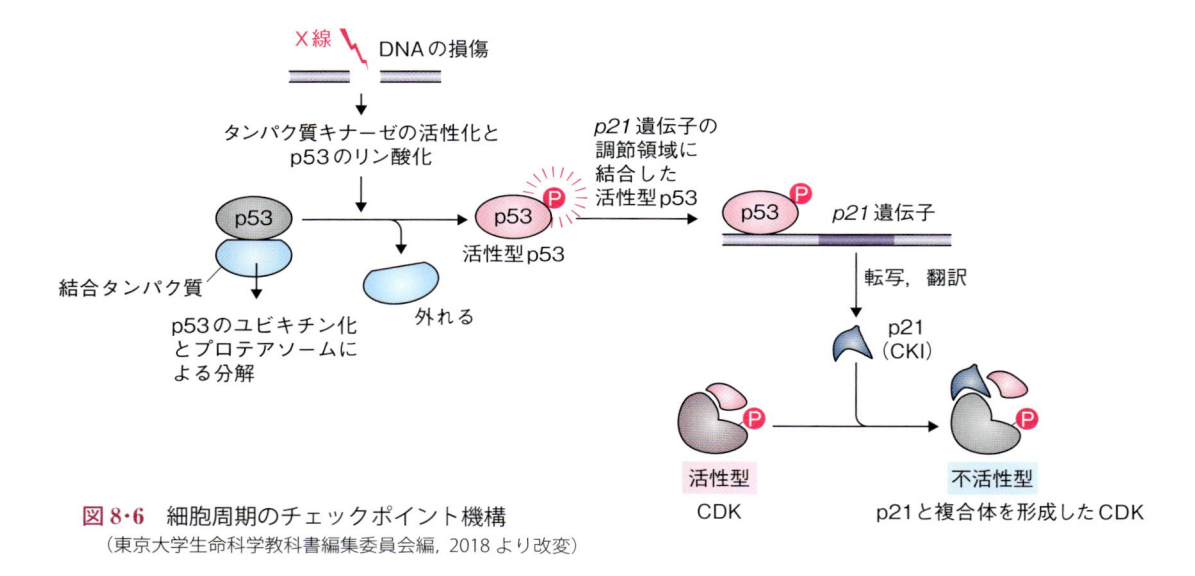

図 8·6　細胞周期のチェックポイント機構
（東京大学生命科学教科書編集委員会編, 2018 より改変）

8·4　がんと細胞周期

　がんは現在もなお私たち人間にとっては恐ろしい病気の1つである。では，がんの本質とは何か。それは，遺伝子の変異に起因する細胞の異常増殖（腫瘍化）と浸潤・転移である（**図 8·7**）。ここでは，細胞周期に深く関連する細胞の異常増殖とがんとの関連について考える。

　すでに述べたように，DNA の大きな損傷があるとチェックポイント機構が働いて細胞周期がストップする。しかし，1遺伝子の微細な変化ではチェックポイントが働かないことがある。また，機構そのものを担う遺伝子に変異が入ると，やはりチェックポイント機構が働かない。例えば，p53 に変異が入ると，細胞周期がストップできなくなり，細胞はどんどん増殖をつづけるようになってしまう。私たちのからだは，いったんでき上がると，一部の細胞を除いて無限に増殖することはなくなる（おじいさんやおばあさんの身長や体重を考えればわかる）が，がん細胞は，そういった私たちのからだを差し置いてどんどん増殖をつづけるため，生命の維持に不都合な状態となる。逆に，がん細胞の増殖だけを抑えることができる物質があれば，それはすなわち抗がん剤である。実際，細胞周期を止める p53 そのものが，ゲンディシンという抗がん剤として用いられている。

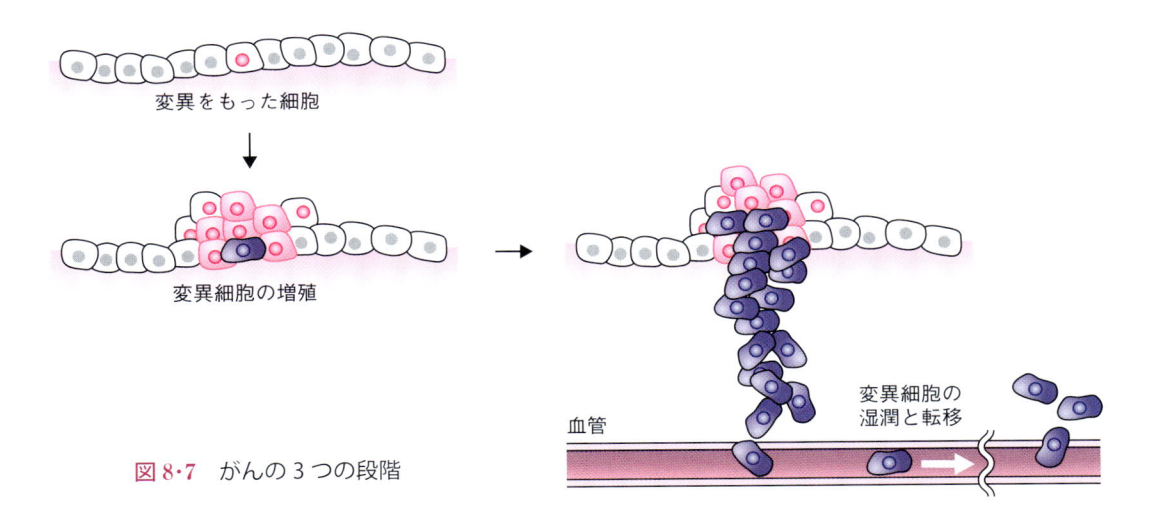

変異をもった細胞

変異細胞の増殖

血管

変異細胞の
湿潤と転移

図8・7　がんの3つの段階

細胞分裂において染色体を移動させる仕組み

　細胞分裂の際，中期には染色体が細胞の中心に集まり，後期には逆に細胞の両端に分離される。体細胞分裂では，倍化した相同染色体は正しく両端に分離する必要があり，適当に分配したりすると，娘細胞がもつ染色体のセットはむちゃくちゃになってしまう。また，これらの染色体は中期まではキチンとつながっていなければならない。このように考えると，細胞分裂における染色体の分配機構は重要であり，また難しそうでもある。

　細胞分裂における染色体の分配機構は，現在もさかんに研究が行われている分野である。ポイントは，中心体の配置，紡錘糸の形成（伸長と分解），そして染色体の接着であると言えよう。それぞれを制御するためにタンパク質が用意されている。またこれらのタンパク質は，CDK など細胞周期に関係する因子の調節をうけるものが多い。

　まず，細胞分裂の初期には核のDNAが ぎゅっと折りたたまれて染色体となる。この折りたたみには，コンデンシン（condense（凝縮する）からつくられた言葉）というタンパク質が働く。また，二価染色体はコヒーシン（cohesive（結合した）からつくられた言葉）というタンパク質によってつなぎ止められている。紡錘体と染色体のつなぎとめにも制御がかかっていて，セントロメアの部分に正しく紡錘糸が連結される。さらには，中心体が正しく細胞の両極に配置されるための仕組みがある。これらがすべて協調的に働くことで，中期にはすべての染色体がそれぞれ紡錘糸につながった状態で細胞中央に配置される。

　後期に入ると，セパラーゼ（separate（分離する）からつくられた言葉）という別のタンパク質が活性化し，コヒーシンを染色体から解離して，倍化した染色体が分離できるようにする。

　このように，中学校で習う細胞分裂の際の染色体の移動は，じつは非常に複雑ではあるがエレガントな仕組みによって制御されていることを知ってほしい。

8章の練習問題

問1　細胞周期は M 期，G_1 期，S 期，G_2 期からなる。それぞれの時期における，細胞あたりの DNA 量の変化を示したグラフを完成させよ。

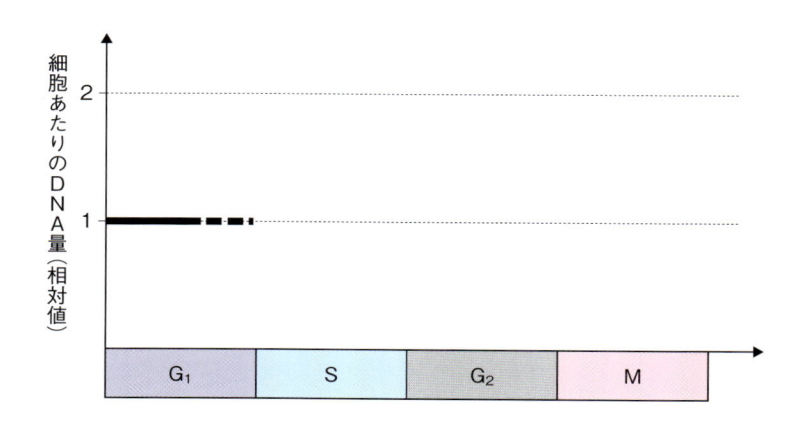

問2　細胞周期は，CDK の活性状態によってコントロールされている。実際に CDK をコントロールする要因として，サイクリンの結合以外にどのようなものがあるか，答えよ。

問3　細胞周期のチェックポイント機構の1つに，DNA 複製チェックポイントがある。DNA が損傷を受けてから，実際に細胞周期が停止するまでの過程を，p53，p21 ということばを使って説明せよ。

問4　抗がん剤を開発したい。細胞周期の観点から，どのような作用をもつ抗がん剤が有効であると考えられるか。

9章　細胞内輸送
― つくられたタンパク質はその後どうなる？ ―

　4章では，遺伝子から mRNA が転写され，その情報によって，リボソームでタンパク質がつくり出される仕組みについて説明した。しかし，タンパク質はその後どこに移動するのだろう。リボソームの場所から単なる拡散で広がるのだろうか。それは相当非効率に思われる。さらに，真核生物では核膜が存在している。転写因子は当然核の中で働く必要があるので，それらを核に運ばなければならないが，拡散だけでは核膜に阻まれてうまく届かない。まして，細胞の外に分泌するタンパク質は，専用の仕組みがないと細胞膜を越えて外に出ることはできない。

　この章では，翻訳によってつくられたタンパク質が，どのような仕組みで適切な場所に運ばれ，機能を果たすことに役立っているかについて説明する。

> この章も，生物基礎ではほとんど触れられていないが，大学教養の学びとしては大切な内容なので，しっかり理解してほしい。

9・1　タンパク質につけられた「目印」

　リボソームでタンパク質がつくられたあと，タンパク質は核，細胞膜，細胞外，ミトコンドリア，葉緑体など，さまざまな場所に運ばれる。もちろん細胞質基質の中での拡散がまったくないかというとそうではないが，そこまでたどりつき，膜を通って細胞小器官に入り込むためにはさまざまな仕組みが必要である。その前に，どのタンパク質がどこに行くかを決める必要がある。その答えは私たちの日常生活にヒントがある。郵便を出すときに私たちは住所を記入する。また宅配便を出すときには配送用のシールを貼る。これと同じことが細胞の中でも起こっていて，タンパク質には，実はこのような「配送シール」に対応する部分（アミノ酸配列）が存在するのである。

　その例を図9・1に示す。見るとわかるように，配送先別のきちんと決まった

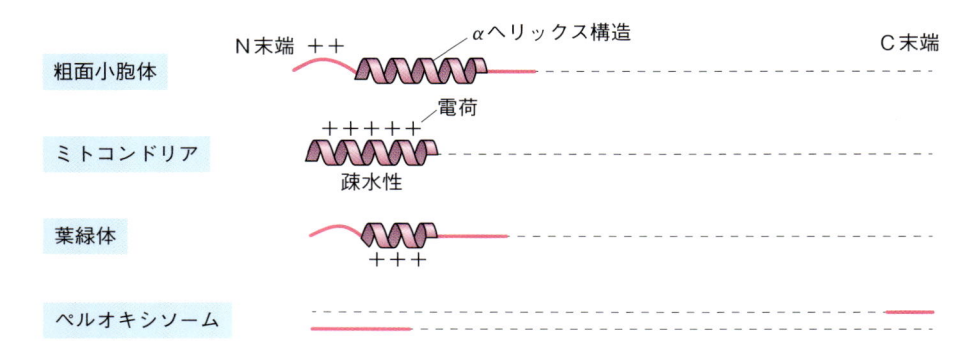

図 9·1　タンパク質がもつ配送先別の目印
（東京大学生命科学教科書編集委員会編, 2018 より改変）

アミノ酸配列があるかというと残念ながらそうではなく，少なくとも配列情報的にはかなりざっくりとしたルールしかない。ただ，大事なのは配列の情報というよりはタンパク質の立体構造で，これでも配送先の分別には十分である。次に，配送先別に仕組みを見ていこう。

9·2　核へのタンパク質輸送

　DNA を複製する DNA ポリメラーゼ，遺伝子の転写を制御する転写因子，mRNA を合成する RNA ポリメラーゼ，ヌクレオソームを構成するヒストン……これらは当然核の中で働く必要があり，間違うことなく核に配送されねばならない。まず，核に移動する必要があるタンパク質には，**核移行シグナル（NLS）** というアミノ酸配列が荷札のようにタンパク質に組み込まれている[*9-1]（**図 9·2a**）。

　NLS を配列にもつタンパク質は，核膜孔複合体とよばれる核にあいた「穴」を通過することができるが，NLS をもたないと核内に入ることができない。そういう意味で NLS はよく「通行手形」と形容される。では，この配列はどのように働くのだろう。実はこの配列は**インポーティン**というタンパク質が結合する目印になっている。インポーティンは核で働くタンパク質を核内に連れて行く役割がある。核にタンパク質を連れて行った後インポーティンは外れ，核の外に移動して再び別のタンパク質を連れて行くことに働く。

　しかし，このままひたすらタンパク質が核の中に入っていくだけだと核内は

＊ 9-1　すべての核タンパク質に NLS があるわけではない。NLS をもたない核タンパク質は，ここで説明する仕組みと異なる方法によって核に移動する。

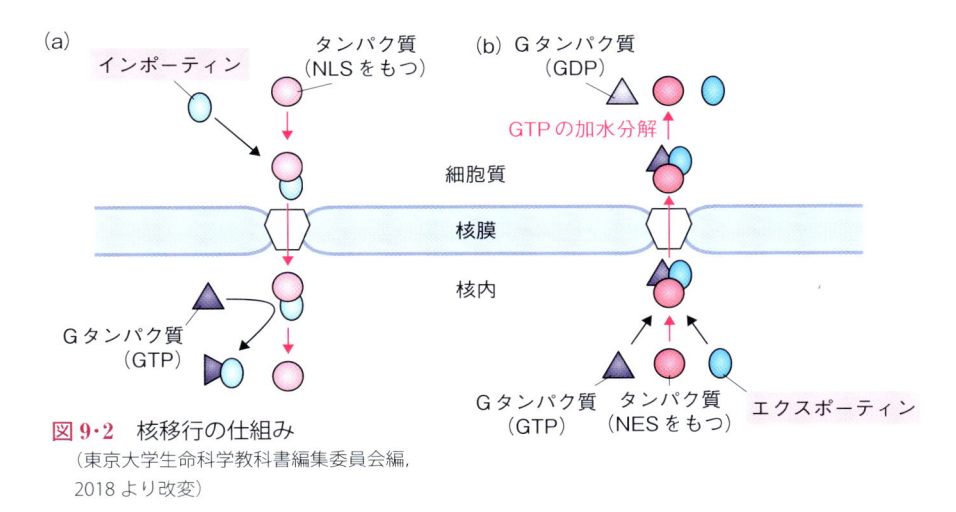

図 9·2 核移行の仕組み
（東京大学生命科学教科書編集委員会編, 2018 より改変）

タンパク質でいっぱいになる。この逆の働きをするのが**核外搬出シグナル（NES）**と NES 結合タンパク質**エクスポーティン**である（**図 9·2b**）。NES をもつタンパク質は，エクスポーティンと結合すると核外に一緒に連れ出される。その後エクスポーティンは外れ，核内に戻される（この核内移行はインポーティン非依存的である）。

9·3 他の細胞小器官へのタンパク質輸送

核以外の細胞小器官へのタンパク質輸送も，基本的にはタンパク質にコードされた短いアミノ酸配列による。葉緑体に輸送されるタンパク質がもつ配列（**トランジット配列**という），ミトコンドリアに輸送されるタンパク質がもつ配列（**プ**

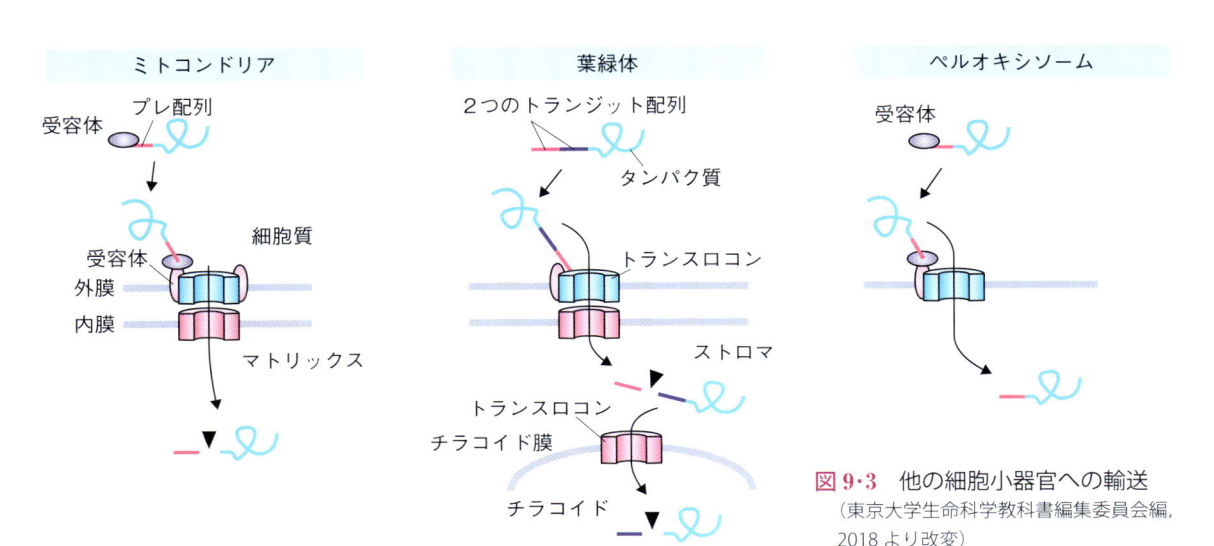

図 9·3 他の細胞小器官への輸送
（東京大学生命科学教科書編集委員会編, 2018 より改変）

レ配列という）がそれにあたる（図 9・1）。核移行シグナル同様，いずれもアミノ酸配列はきちんと決められていないが，特徴的な構造をもっていたり，電荷を帯びていたりする。

　この配列に別のタンパク質が結合し，各細胞小器官に運ばれていく（NLS とインポーティンとの関係に似ている）。運ばれたタンパク質は**トランスロコン**とよばれる穴を通って細胞小器官の中へと入っていく（**図 9・3**）。

9・4　細胞膜・細胞外へのタンパク質輸送

　2章や7章などで触れたように，細胞膜にはさまざまなタンパク質が埋まっている。また，ある細胞が他の細胞にシグナルを伝えるため，さまざまなタンパク質が細胞の外に分泌される。残念ながら，こういったタンパク質は細胞質基質内を拡散の方法だけで運ぶことはできない（タンパク質は簡単には細胞膜を通過できないため）。では，膜タンパク質や分泌タンパク質はどのようにして細胞膜や細胞外に運ばれるのだろうか。

　一言でいうと，これらのタンパク質はボールのようなもの，すなわち**小胞**に取り込まれることによって運ばれる。このボールがどのようにつくられるかについて説明する。まず，タンパク質が核に行かず細胞膜や細胞の外に出るためには，例によってそのタンパク質がある配列をもつことが必要である（**図**

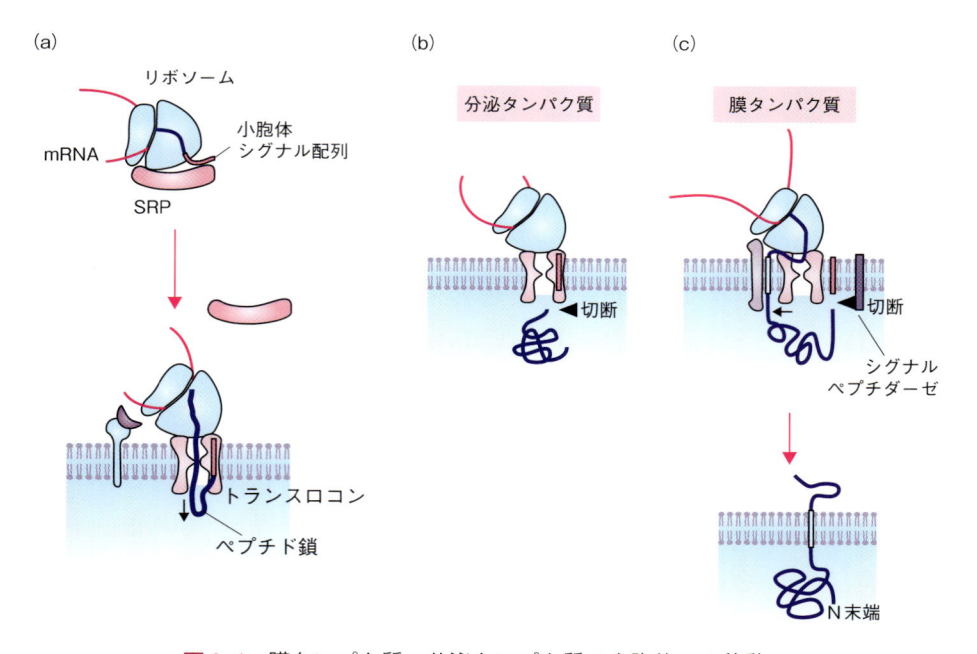

図 9・4　膜タンパク質・分泌タンパク質の小胞体への移動

9·4a）。この配列を**小胞体シグナル配列**，あるいは単にシグナル配列という。シグナル配列は疎水性アミノ酸に富んだ配列ではあるが，やはりきちんと決まった配列はない。例外も多数あるが，シグナル配列はタンパク質の N 末端に存在することが多い。シグナル配列は，分泌タンパク質にも膜タンパク質にも存在する。

　mRNA が核膜孔を通過してリボソームに結合すると翻訳が始まる。リボソームでの連結が終わったシグナル配列がリボソームの外にでてくると，**SRP**（シグナル配列識別粒子）とよばれるタンパク質がシグナル配列に結合する。SRPはリボソーム（と mRNA とタンパク質）を連れ，小胞体に存在するトランスロコンと結合する。すると，まずシグナル配列の部分が膜に埋め込まれ，その後タンパク質は穴を通って小胞体の中に入れられる（**図 9·4b**）。膜タンパク質の場合は，そのタンパク質の途中にある**膜貫通ドメイン**という領域にさしかかると，その部分が小胞体の膜に埋まり，その後タンパク質は再び小胞体の中に入れられる。こうして，翻訳されたタンパク質は小胞体内に取り込まれる。最後に，埋め込まれたシグナルペプチドが酵素（シグナルペプチダーゼ）によって切断され，小胞体の内に収まる。ただし，膜タンパク質の場合は小胞体膜に埋め込まれた状態となる（**図 9·4c**）。

　次に，小胞体内に入ったタンパク質の「包み込み」が起こる。何に包まれるかというと，小胞体膜である。タンパク質が入った場所付近の小胞体膜は，出芽（ふくれ出し）がスタートする。出芽の場所を決める仕組みは省略するが，その場所に**クラスリン**というタンパク質がよび込まれる。クラスリンはボールを覆う骨組のようなもので，いくつかが集まって六角形の骨組をつくり上げ，くびれた小胞体を包み込む。最終的に小胞体膜はボールのようになり，くびり取られて**小胞**となる（**図 9·5**）。

　くびり取られた小胞（輸送小胞）は，直接細胞膜（あるいは他の場所）に移動することもあるが，一部はゴルジ体に運ばれ，ゴルジ体の膜と融合してタン

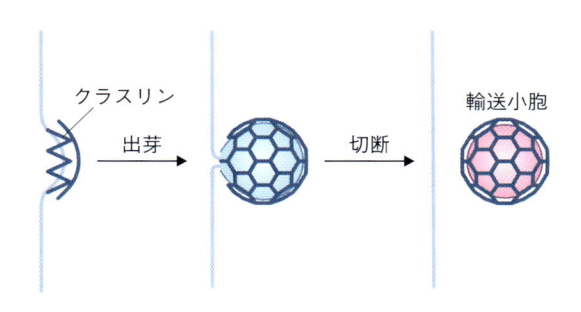

図 **9·5**　輸送小胞の形成

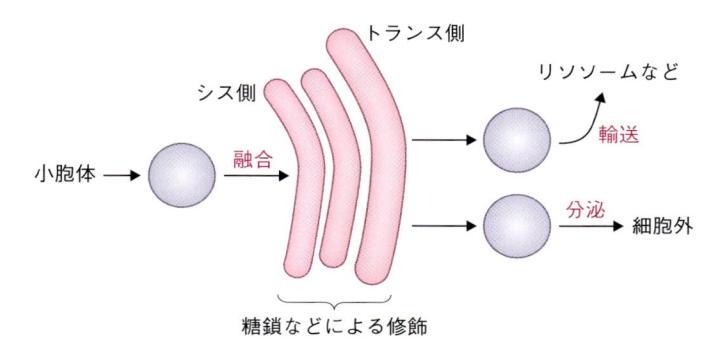

図 9·6　ゴルジ体でのタンパク質修飾

パク質はいったんゴルジ体の中に取り込まれる。そこでは，タンパク質に糖鎖が結合される（修飾される，という）。ゴルジ体にはさまざまな糖鎖修飾酵素が含まれており，複雑な構造の糖鎖が順次つくり上げられる（図 9·6）。

　糖鎖修飾を受けたタンパク質は改めて小胞に詰め込まれ，細胞膜を含むさまざまな場所に向かう。さて，このとき目印がないと，小胞はどこに行けば良いか迷ってしまう。それを補うための仕組みが，行き先（標的膜）の認識機構，**SNARE システム**である。小胞には **v-SNARE** という膜タンパク質が埋め込まれている。これに対し，標的膜側には **t-SNARE** というやはり膜タンパク質が埋め込まれている。v-SNARE，t-SNARE にはいくつか種類があり，ペアが存在する。つまり，ある種類の v-SNARE をもつ小胞は，ペアの相手の t-SNARE に向けて移動する。これらが出会ったとき，小胞の膜と標的の膜が融合する。標的膜が細胞膜の場合は，小胞の融合によって中身のタンパク質は細胞の外に出る（**図 9·7**）。膜タンパク質の場合は細胞膜に埋め込まれる。

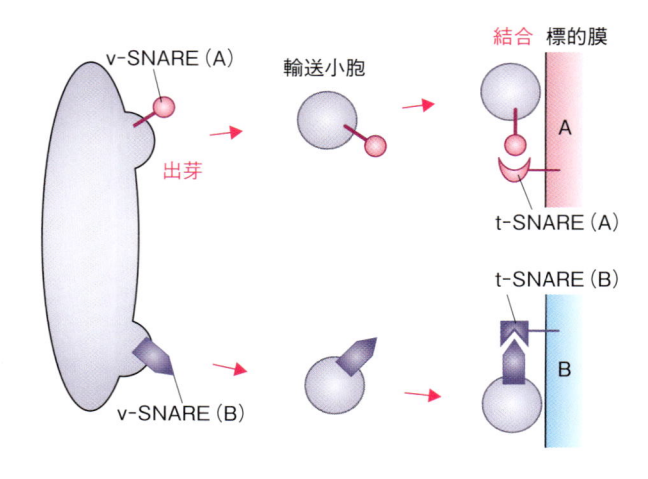

図 9·7　SNARE システム

9・5　細胞外からのタンパク質の取り込み

　これまで，細胞の中から細胞の外にタンパク質を運ぶ仕組みについて説明してきた。細胞内から細胞外にタンパク質などの物質を分泌することを，一般に**エクソサイトーシス**とよぶ。

　一方，逆の仕組み，つまり細胞外から細胞内にさまざまな物質を取り込む仕組みもある。これを**エンドサイトーシス**とよぶ。エンドサイトーシスの役割はさまざまで，必要な栄養を取り込むこともあるし，外敵を駆除するために取り込むこともある。例えばマクロファージとよばれる免疫細胞（➡ 12・6 節）は，細菌などを細胞内に取り込み分解してしまう。これを**食作用（ファゴサイトーシス）**とよぶ。一方，細胞外の液をとりこむようなエンドサイトーシスは対比的に**飲作用（ピノサイトーシス）**とよばれる（**図9・8**）。これらはファゴソームやエンドソームとよばれる細胞小器官で行われる。

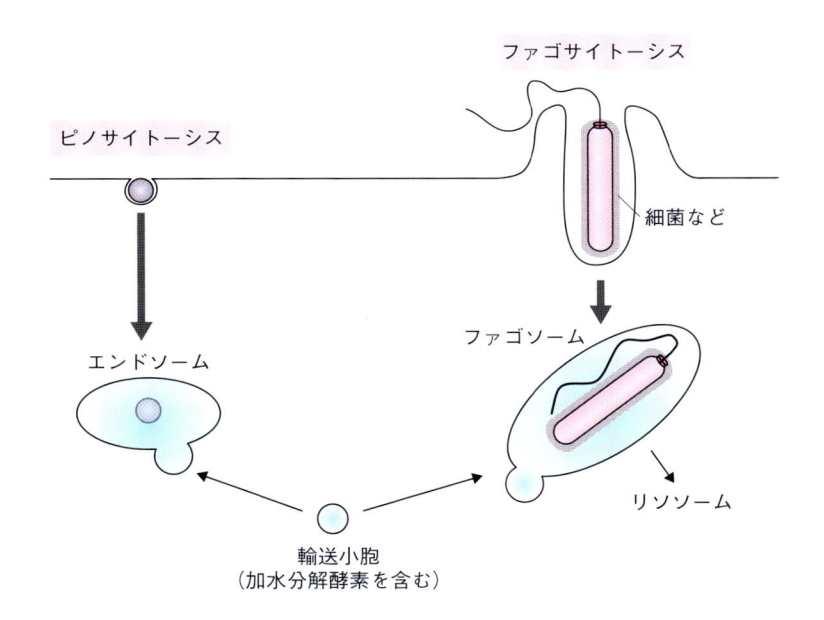

図9・8　エンドサイトーシス

9・6　細胞内でのタンパク質の分解

　翻訳され，輸送されたタンパク質の行く末はあまり考慮されないことが多い。まず，そもそも翻訳されたタンパク質は必ず正しいものなのだろうか。**分子シャ**

ペロンという仕組みでは，小胞体で合成されたタンパク質がきちんと折りたたまれているかどうかを調べ，異常が見つかったときには分解して小胞体外に排出する。一方，正しいタンパク質は先ほど説明したようにゴルジ体に送られる。このようにして，つくられたタンパク質の品質が管理されているのは，細胞周期におけるチェックポイント機構と似ているといえよう（図9・9a）。

　オートファジーも，細胞内でのタンパク質分解に関わる。壊れた細胞小器官やタンパク質などが細胞質に存在すると，**オートファゴソーム**とよばれる小胞がそれらを取り囲み，次いでタンパク質を分解する酵素などを含む小胞を取り込んで分解してしまう（**図9・9b**）。分解した物質は，細胞内で再利用される。オー

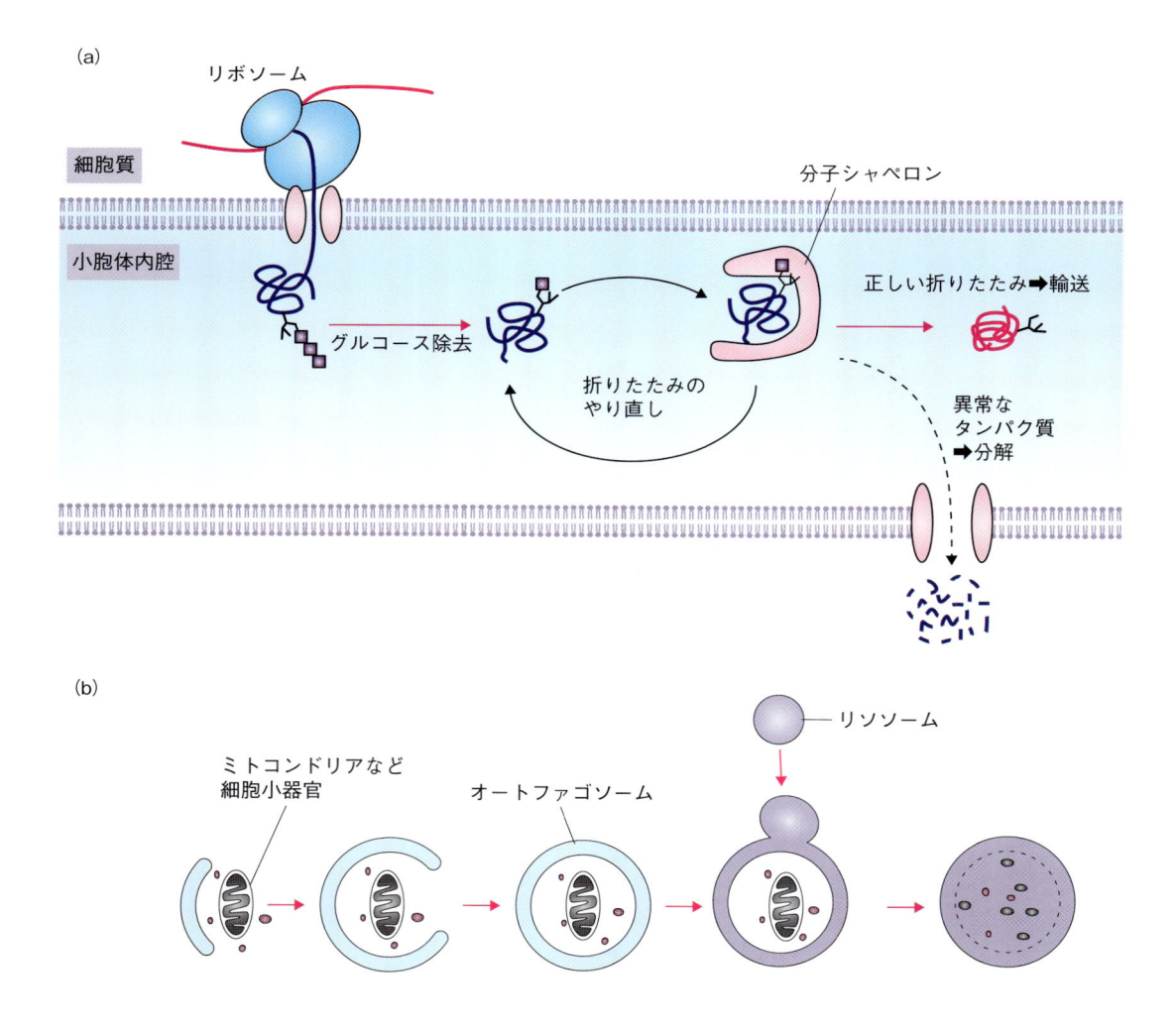

図 9・9　分子シャペロンとオートファジー
（東京大学生命科学教科書編集委員会編，2018 より改変）

トファジーの仕組みは，要らなくなったタンパク質の分解に働くだけでなく，細胞の飢餓状態の際にも利用される。

9 章の練習問題

問 1 以下の文章の ☐ に語句を挿入せよ。

リボソームで合成されたタンパク質は，その後必要な場所へと輸送される。例えば，☐ ① ☐ をもつタンパク質は核内へと移行する。この核内移行に関わるタンパク質が ☐ ② ☐ であり，タンパク質と ☐ ② ☐ が結合するとタンパク質は核に移動し，その後両者は外れる。逆に，☐ ③ ☐ をもつタンパク質は別の輸送タンパク質と結合し，核外に移動する。

問 2 膜タンパク質や分泌タンパク質は輸送小胞に含まれた形で輸送される。

a) 小胞の形成に必要な，小胞を包み込むように六角形の骨組のように構成されるタンパク質の名称を答えよ。

b) 小胞が正しい場所（標的膜）に輸送されるために，荷物の荷札のように働く仕組みを何というか。アルファベット 5 文字で答えよ。

c) ゴルジ体の中で，輸送されるタンパク質はどのような修飾をうけるか。答えよ。

問 3 細胞外からのタンパク質の取り込みを何というか。また，その具体例を 1 つ挙げて説明せよ。

10章 遺伝子の発現制御
― 生物は設計図をどのように使うのか ―

　ヒトを考えたとき，約 60 兆個といわれる細胞のすべてにゲノムが備わっている。つまり，それぞれの細胞が同じく 2 万種類の遺伝子を含んでいる。これらが全部同時に転写されているとするとどうなるだろう。まず，すべての細胞の機能が同じになるだろう。また，筋肉の細胞で神経に必要な遺伝子が転写されることは，エネルギー的にとても無駄なことである。そのため，遺伝子には発現制御，つまり必要に応じて転写を ON にしたり OFF にしたりする仕組みが備わっている。

　この章では，4 章で触れた DNA の転写に追加する形で，遺伝子の発現制御について説明したい。

> この章の内容も，生物基礎ではほとんど触れられていない。4 章とあわせて理解するようにしてほしい。

10・1　転写制御の基本

　はじめに，転写調節は，①調節されるべき遺伝子を調節するための「DNA 配列」があるかどうか，②その DNA 配列に「タンパク質」が結合するかどうか，が大事である，ということを確認しておきたい。特にこれから出てくる用語は，DNA 配列を指すのか，結合タンパク質を指すのか，混乱しがちである。この章では，その用語がどちらを指すのか，可能な限り明示する。

　ここで，遺伝子の領域について改めて説明する。mRNA の転写は，**転写開始点**という場所からスタートする。ここには RNA ポリメラーゼが結合するが，何の目印もなく結合するのは難しい。実際には，転写開始点の少し上流の部分に，RNA ポリメラーゼが結合するための目印のような DNA 配列がある。真核生物の場合は，他にもいくつかの転写に必要なタンパク質が結合する。このような，

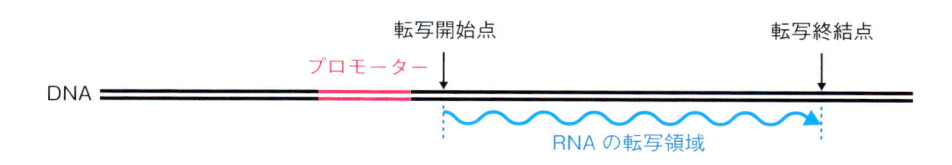

図 10·1　遺伝子の上流配列

基本的な転写調節をつかさどる「DNA 配列」が，すでに 4·3 節で説明した**プロモー
ター**である（**図 10·1**）。

10·2　原核生物の転写制御

　多細胞生物の場合は，それぞれの細胞が独自の機能を果たすため，必要な遺
伝子の転写だけが行われる。原核生物の場合は，転写制御は個体そのものの環
境応答につながる。例えば，エネルギーとなるグルコースが少ないとき，何も
手立てがないと死んでしまう。しかし，他の糖を分解してグルコースを得る仕
組みがあれば，死なずにすむ。ここで説明するラクトースオペロンは，単に原
核生物の転写制御の仕組みというだけでなく，転写制御の仕組みそのものの解
明にも大きく寄与した。
　グルコースがまわりに豊富にあるとき，ラクトースオペロンは働かずに休止
している。具体的には，リプレッサーという「タンパク質」がオペレーターと
いう「DNA 配列」に結合し，ラクトース分解酵素の 1 つである β ガラクトシダー
ゼの転写を抑制している。しかし，まわりにグルコースがなく，ラクトースが

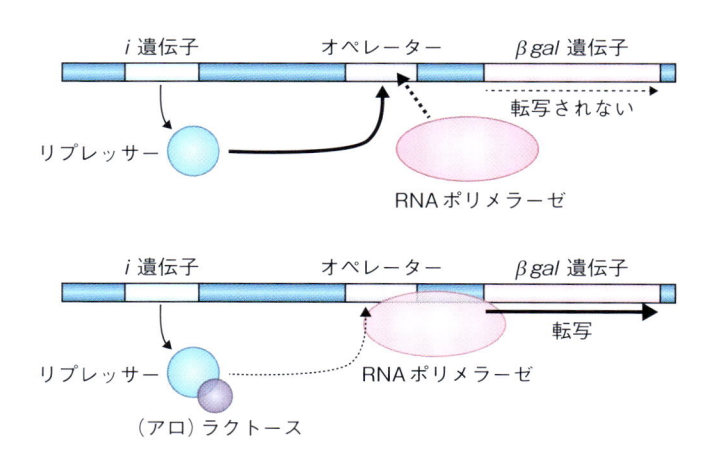

図 10·2　原核生物の転写制御：ラクトースオペロン

たくさんあるとき，ラクトース（の代謝産物）がリプレッサーに結合することで，リプレッサーはオペレーターに結合できなくなるため，β ガラクトシダーゼの転写が始まる（**図 10·2**）。

　原核生物においては他にもさまざまな転写調節機構があり，環境の変化に対応して遺伝子の発現の ON/OFF を実現している。

10·3　真核生物の転写制御

　真核生物においては，原核生物よりもう少し複雑な仕組みがある。転写開始点から mRNA が転写されるのは同じであるが，その少し上流（だいたい 20 塩基くらい 5′ 側）に，**TATA 配列**という特徴的な DNA 配列がある。ここに結合するのは，RNA ポリメラーゼではなく**基本転写因子**とよばれる「タンパク質」である。基本転写因子は 1 つのタンパク質ではなく，複数のタンパク質の集まり（複合体という）である（**図 10·3**）。

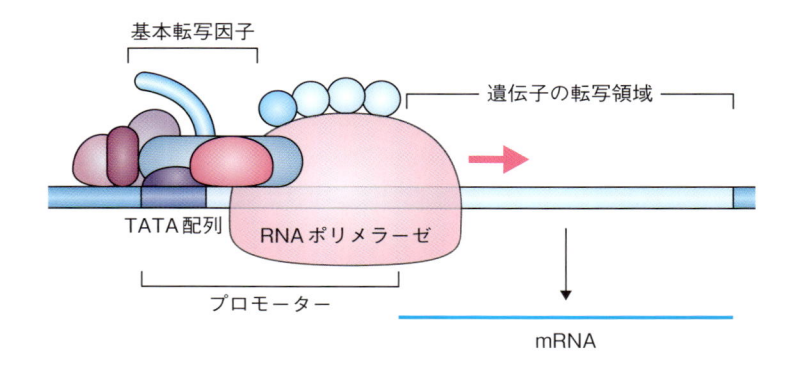

図 **10·3**　真核生物の転写開始機構

　基本転写因子の結合は，単なる転写の ON-OFF で，すべての遺伝子に共通した仕組みである。しかし，真核生物では遺伝子ごとに，多細胞生物の場合は細胞ごとに異なる ON-OFF ができるような仕組みが備わっている。それが「DNA 配列」である**エンハンサー**である。エンハンサーはプロモーターとは違い，遺伝子によって種類も数も異なっている。また，位置もさまざまで，100 kb 以上離れた場所にあるエンハンサーが遺伝子の調節をする例もある。ではエンハンサーはどのように働くのか。エンハンサーにエンハンサー結合タンパク質が結合すると，エンハンサー結合タンパク質に基本転写因子が直接，あるいは他のタンパク質を介して間接的に結合し，次いでプロモーターと結合して，**図 10·4**

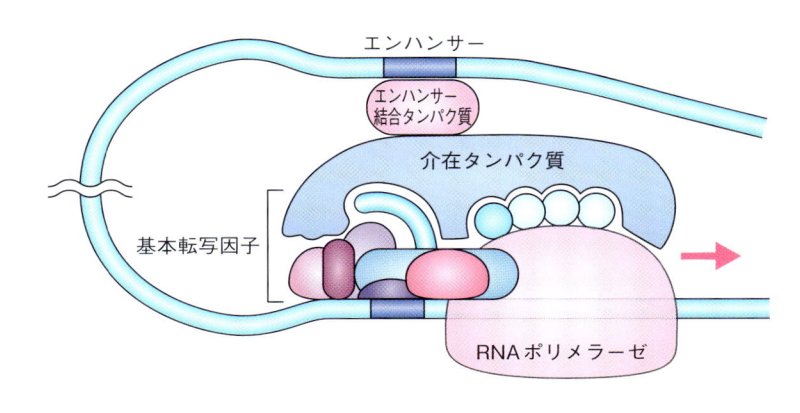

図 10・4　エンハンサーの働き

のような高次構造をとるようになる。このような状況になって RNA ポリメラーゼがよび込まれ，遺伝子の転写がはじまる。

　エンハンサーとエンハンサー結合タンパク質の重要性は何だろうか。それは，発現パターンの多様性を生み出すことである。多細胞生物においては，すべての細胞が同じ遺伝子セットをもっている。1つの遺伝子に着目すると，細胞によって発現したりしなかったりする。また，1つの細胞を考えたとき，遺伝子によっては発現していたりしていなかったりする。こういった多細胞生物における細胞の多様性は，細胞ごとにエンハンサー結合タンパク質があったりなかったりすること，そして遺伝子ごとにエンハンサーの種類が違っていることによって生み出されている。

10・4　転写後の調節

　以上のような仕組みによって遺伝子の転写が行われる。その後 mRNA は核膜孔を通過して翻訳されるが，その際にいくつかの調節を受ける。1つは，真核生物において転写後にイントロンが切り出されるスプライシング（➡ 4・3・2 項）の制御である。このスプライシングは，一通りとは限らず，エクソンが切り出されてしまったりすることがある。これは，**選択的スプライシング**とよばれ，1つの遺伝子から複数種の mRNA をつくり出す（多くの場合はタンパク質のアミノ酸配列も変化する）仕組みである（**図 10・5**）。DNA において，ある遺伝子のエクソンの並びや数が変化して新しい遺伝子がつくられるエクソンシャッフリングは，遺伝子の進化を説明する重要な概念である。

　また，mRNA 自体の安定性が制御されることもある。4・3 節で説明したように，

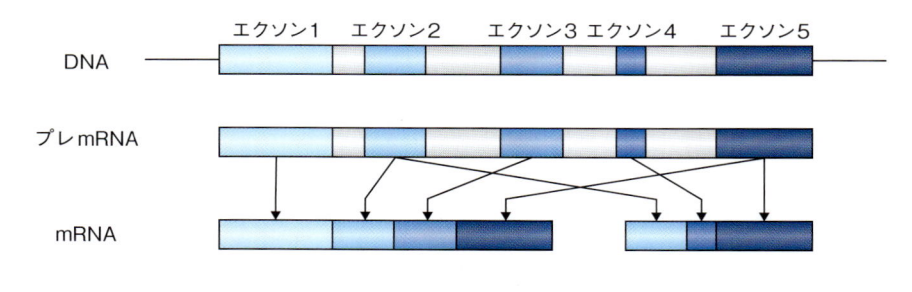

図 10·5　選択的スプライシング

mRNA には，その 5′ 側と 3′ 側に非翻訳領域があり，そこに mRNA の分解に関わる配列を含むかどうかで，mRNA の安定性の時間をコントロールしている（**図 10·6 ①**）。

真核生物において mRNA の 3′ 末端に付加されるポリ A 配列（**➡ 4·3·2 項**）も mRNA の安定性に寄与するため，ポリ A が分解されるかどうかも転写後制御の 1 つに数えられる。また，転写後 mRNA の 5′ 末端に**キャップ構造**というものが修飾されて mRNA が安定化するが，この構造を外す酵素が存在するかどうかも，安定性の変化（つまり転写後の調節）につながる（**図 10·6 ②, ③**）。さらには，mRNA が核膜孔を通過するかどうかの制御なども考えられる。

以上のように，RNA は転写された後もさまざまな制御がかかり，遺伝子発現の ON-OFF へと関連付けられる。

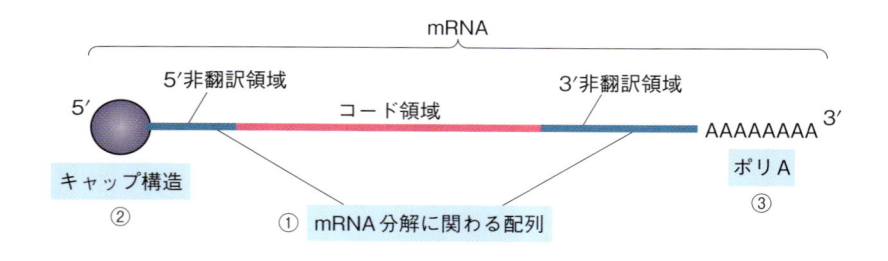

図 10·6　mRNA の安定性を決める要素

10·5　エピジェネティクス

以上の説明で，遺伝子の転写制御のポイントは，転写因子（タンパク質）と転写因子に結合する DNA 配列であることがわかったと思う。しかし，真核生物では，ゲノム DNA は八量体のヒストンタンパク質に巻き付いて**ヌクレオソーム構造**を構成している（**図 10·7**）。

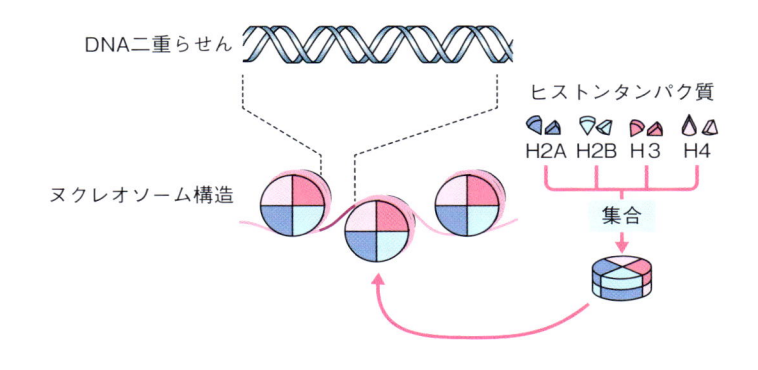

図 10・7　ヒストンとヌクレオソーム

　想像してもらえればおわかりだろうが，すでにタンパク質が巻き付いている状態では，その後で転写因子が近づいてきても DNA に結合することはできない。そこで，エンハンサーやプロモーターに転写因子が結合する前に，あらかじめクロマチンの状態を「緩める」作業が必要である。ヒストンは正に帯電していて，負に帯電している DNA とかたく引きつけ合っている。ここで，ヒストンにアセチル基（負に帯電）を修飾する酵素（**ヒストンアセチルトランスフェラーゼ，HAT**（ハット）とよばれる）が働くと，ヒストンの電荷が中和される。すると，電気的にヒストン－ DNA の結合がゆるみ，転写因子が DNA 配列に近づきやすくなる。逆に，このアセチル基が外されると再びヒストン－ DNA の結合がかたくなり，転写因子が近づきにくくなる（**図 10・8**）。このアセチル基を外す酵素は，**ヒストンデアセチラーゼ**（**HDAC**：エッチダック）という名前がついている。

　以上の説明は，ヒストン側の電荷を変化させるものだったが，DNA 側はどうだろうか。DNA のシトシンは，メチル化されることがある（シトシンの 5 位の炭素（図 4・1）にメチル基が結合する）。DNA の決められた領域がメチル化されていると，それを見つけたタンパク質がヒストン（のある決められたアミノ酸

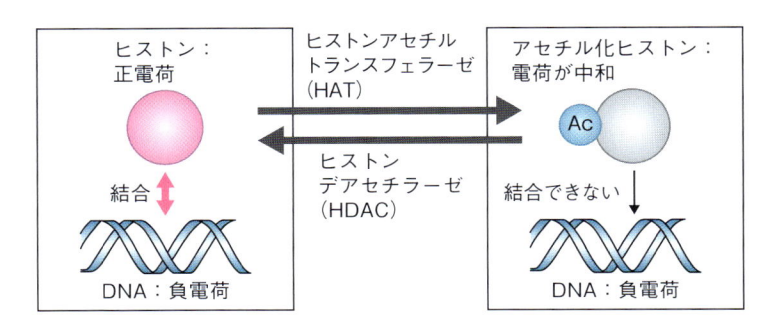

図 10・8　ヒストン－ DNA の結合の制御

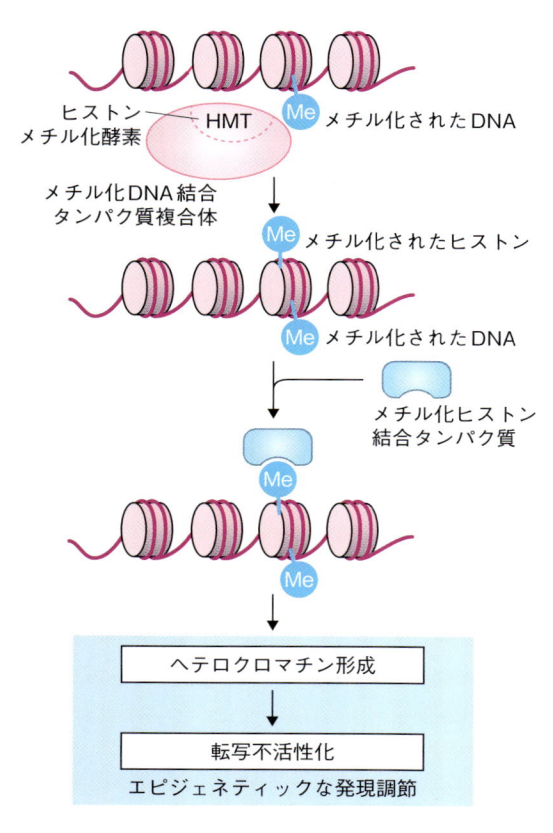

ヒストン
メチル化酵素 — HMT

Me　メチル化されたDNA

メチル化DNA結合
タンパク質複合体

Me　メチル化されたヒストン

Me　メチル化されたDNA

メチル化ヒストン
結合タンパク質

Me

ヘテロクロマチン形成

転写不活性化

エピジェネティックな発現調節

図 10・9　DNA のメチル化と転写制御
（東京大学生命科学教科書編集委員会編，2018 より改変）

だけ）をメチル化する。ヒストンのメチル化もまた，クロマチンの凝集（あるいはその逆）に働いて転写の ON/OFF に作用する（図 10・9）。

　DNA のメチル化は世代を超えて引き継がれることが知られているものの，メチル化自体は遺伝情報として DNA に書き込まれているわけではなく，その後の作用によって引き起こされる。こういった，（DNA 配列としての）遺伝情報とは別の情報に基づく遺伝子発現や表現型の変化を研究する領域は，**エピジェネティクス**とよばれる（epi- は「上の，後の」という意味で用いられる接頭辞，ジェネティクスは遺伝学）。

10 章の練習問題

問 1　原核生物の転写制御について。ラクトースが存在すると，どのような仕組みで β ガラクトシダーゼ遺伝子の転写が始まるのか。リプレッサー，オペレーターという言葉を使って説明せよ。

問 2　真核生物では，転写によって DNA から RNA への写し取りが行われる。その後，RNA はどのような修飾や変化を受けるか。本書で触れた 3 つを挙げよ。

問 3　エピジェネティクスについて，以下の問いに答えよ。
(a) ヒストンは何量体で 2 本鎖 DNA に結合しているか。また，そのような構造を何というか。
(b) ヒストンと DNA の結合を緩める酵素の名称を答えよ。また，その酵素が働くとなぜヒストンと DNA の結合が緩むか，説明せよ。

11章 生体の構造と機能
— 生物のからだの仕組み —

　私たちのからだはさまざまな種類の細胞から成り立っているが，1つの細胞だけでできることは限られている。実際には，多くの細胞が集まることで機能を発揮することができるが，これらはただ単に集まった細胞の集合体ではなく，協同して機能を果たす。

　この章では，動物，あるいはヒトを中心に，どのような構造の成り立ちによって生体がつくりあげられているのか，そして各器官（やその集合体）がどのような機能を果たしているかについて説明する。

> **高校「生物基礎」で学んだこと**：生物基礎では，神経系についてごく簡単に触れられている。
>
> ・神経系は神経細胞（ニューロン）から構成されていて，神経系はさらに中枢神経と末梢神経に分類される。
> ・脳は中枢神経系の大部分を占め，大脳・間脳・中脳・小脳・延髄に分けられる。
> ・末梢神経系は，体性神経と自律神経に分類される。体性神経は感覚器官や骨格筋を支配する一方，自律神経は不随意（脳が意識せずとも行う）で，内臓などを支配する。
> ・体性神経はさらに感覚神経と運動神経に，自律神経は交感神経と副交感神経に分類される。
> ・体液は血液・組織液・リンパ液に分類できる。血液は血漿と血球から構成され，血球は赤血球，白血球，血小板に分類できる。血球は骨髄中の血液幹細胞からつくられる。
> ・赤血球はヘモグロビンを含み，酸素輸送に重要な役割を果たす。
> ・心臓は心房と心室から構成され，洞房結節から生じる信号によって拍動が起こる。
> ・血管は動脈，静脈，毛細血管に分類できる。

11·1　からだのなりたちと組織

　からだの成り立ちを考える上で，「階層」という考え方は非常に重要である。私たちの社会を考えるとわかりやすいが，例えば大企業で，社長が社員全員を

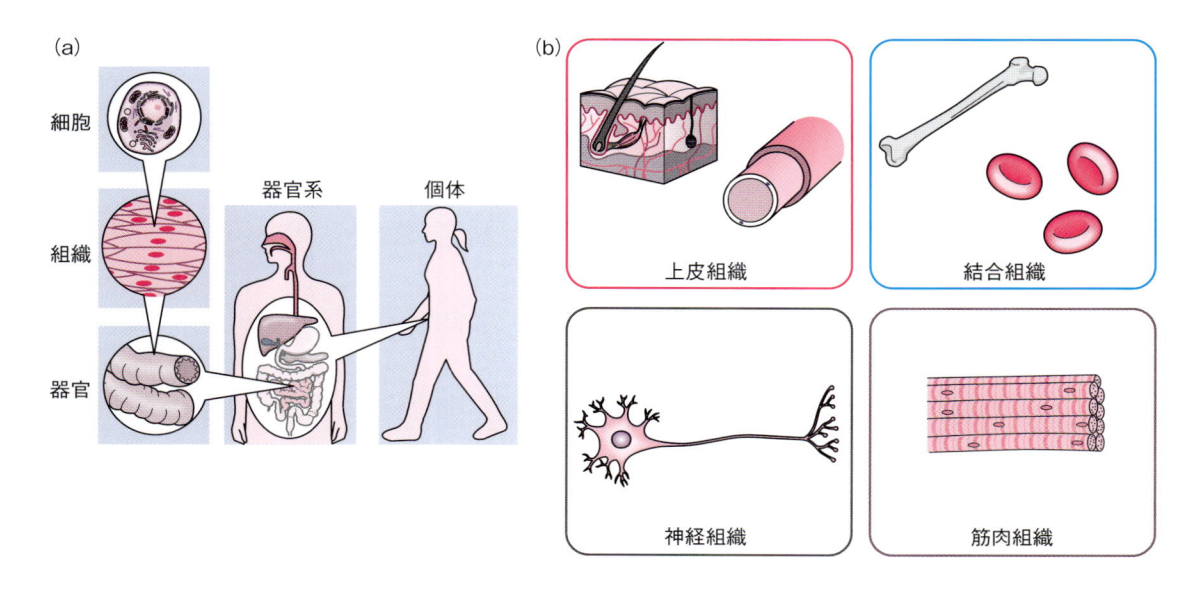

図 11・1　生体の階層と生体を構成する 4 つの組織

直接指揮しているかというとそうではない。比較的少数の社員からなる係があり，係がいくつか集まって課が，さらにはそれらが集まって部が構成されている…… というように階層構造になっている。生体も同じである。細胞集団のもっとも小さい単位は組織である。複数の組織が集まってできたものを**器官**とよぶ。さらに，器官はまちまちな働きをするのではなく，協同して高度な機能を実現する。これを**器官系**とよぶ。私たちのからだは，複数の器官系が組み合わさって構成されている（**図 11・1a**）。

　動物のからだを構成する組織は，**上皮組織**，**結合組織**，**神経組織**，そして**筋肉組織**の 4 つに分類される。これらについて，順番に説明していく（**図 11・1b**）。

11・1・1　上皮組織

　私たちのからだの表面を構成する表皮に限らず，さまざまな器官の表面を構成する組織が**上皮組織**である。血管の表面，消化管の表面もすべて上皮組織である。上皮組織を分類する上では，細胞の形が重要となる（**図 11・2**）。

　扁平上皮は，字の通り平べったい細胞からなる上皮組織で，表皮や血管内皮も扁平上皮である。平べったい理由は，表面積をかせぐ必要があるからである。一方，縦に細長い細胞から構成されるのは**円柱上皮**で，腺細胞などがこれにあたる。ある程度の強度（厚み）が必要な場合も円柱形の細胞が整列する。

　もう 1 つの分類は，単層か重層か（いくつも重なっているか）である。同じ扁平上皮でも，皮膚の上皮を構成する扁平上皮は細胞が何層にも積み重なって

重層扁平上皮

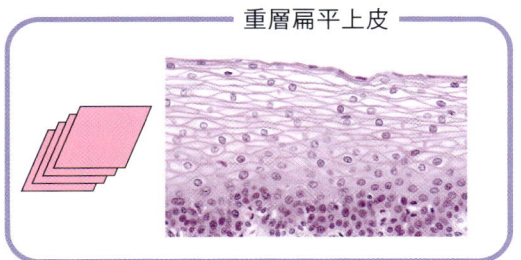

単層扁平上皮

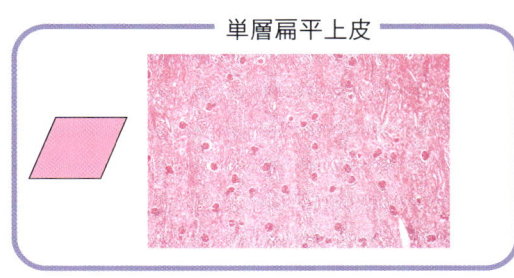

単層円柱上皮

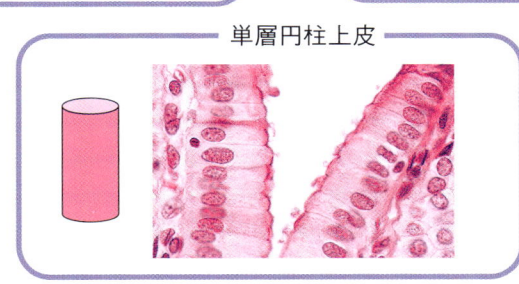

図 11・2　上皮組織

いる（**重層扁平上皮**）。一方，毛細血管の扁平上皮は1層で構成されている（**単層扁平上皮**）。

　この違いにも理由がある。皮膚のような上皮は，外からのさまざまな力や侵入物に対応する必要がある。そのような上皮が1層しかなかったらどうなるだろう。からだは簡単に傷ついてしまう。そのため，上皮細胞は何層にも重なっていて，それによりからだを保護することができる。

　一方，毛細血管の上皮が何層にも重なっていると，血管の中の血液が運んできた栄養や酸素を周囲の細胞に渡すことができない。血管の壁の内と外で物質交換が効率よくできるよう，毛細血管の上皮は単層になっているのである。

11・1・2　結合組織

　結合組織は，4種の組織の中でもっとも多彩であるが，すべての結合組織に共通した特徴は，細胞外マトリックスに富んでいるという点である（**図 11・3**）。

　疎性結合組織は，からだの中を構成するもっともありふれた組織で，皮下やからだの中に見られる。肉のブヨブヨした触感がイメージしやすいだろう。**密性結合組織**は，腱などがある。密性結合組織では，疎性結合組織と異なり，細胞外マトリックスが整然と整列していて，強度が増している。

　それ以外に，**骨**，**軟骨**，**血液**もまた結合組織に分類される。血液が組織，というのはわかりにくいが，血液の中に存在する，細胞外マトリックスに富んだ細胞という意味では，ちゃんと結合組織の分類基準に合致する。

11 章

生体の構造と機能

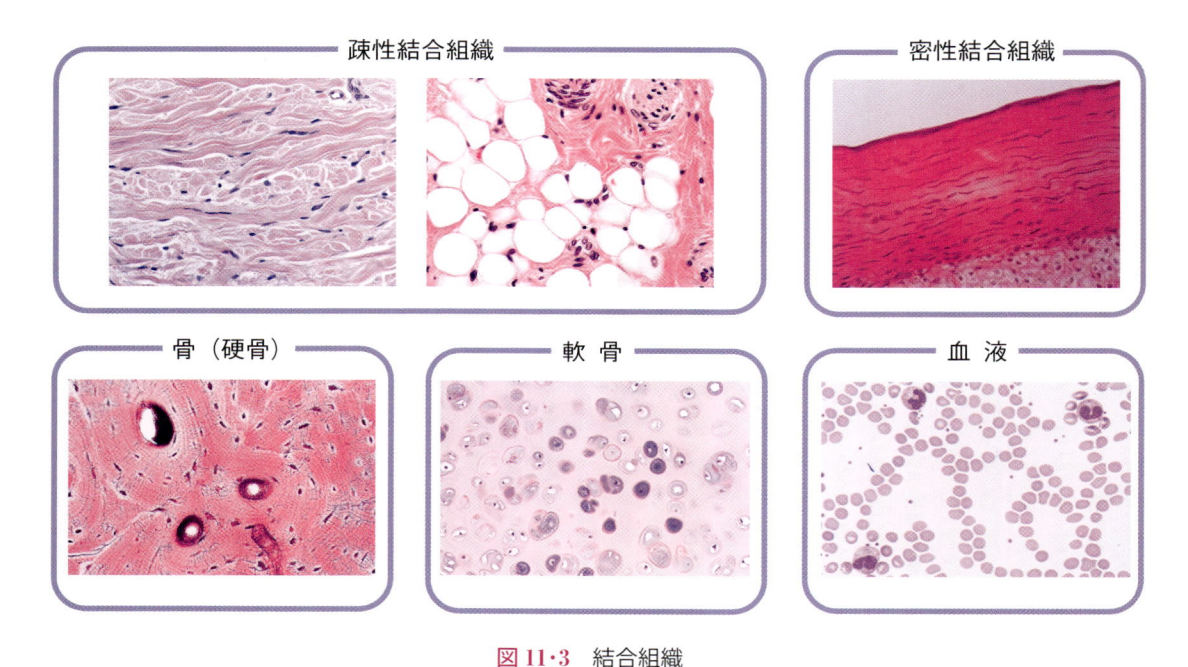

図 11·3　結合組織

骨は「白骨化」というように（少なくとも見た目は）死んだ後も残ることから，逆に骨は生きていない印象があるが，実際には骨もちゃんと生きている。骨の中には骨細胞があり，それらがリン酸カルシウム（ヒドロキシアパタイト）を分泌する。残る部分は，このリン酸カルシウムである。また，骨がリン酸カルシウムのみでできていると，硬いがもろくなる。骨の弾力性を生み出すのが細胞外マトリックスで，これが結合組織に骨が含まれるゆえんである。

11·1·3　神経組織

神経組織の代表格は，膜電位の変化により神経の情報を伝達するニューロンである。ニューロンは，樹状突起，細胞体，軸索，シナプスといった部分から構成される（**図 11·4**）。

ニューロンには，**無髄神経**と**有髄神経**という 2 種類の神経がある。脳の中の神経はほとんどが無髄神経である。有髄神経は，**ミエリン鞘**（髄鞘）という細胞につつまれている。このように，ニューロンをいろいろな意味で支える周辺の細胞が**グリア**であ

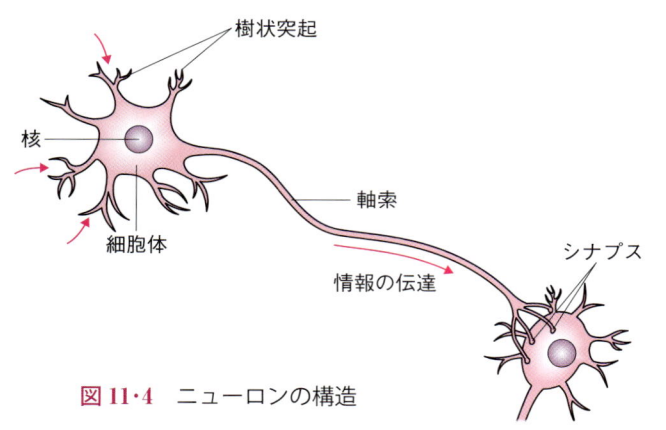

図 11·4　ニューロンの構造

る。グリアにもいくつかの種類があり、ミエリン鞘を形成するグリアは**オリゴデンドロサイト**とよばれる。

それ以外にも、脳に多く見られる**アストロサイト**もグリア細胞の1つで、脳のニューロンの構造的な保持や栄養供給、イオン調節やニューロンが放出した神経伝達物質の回収にも関わっている。神経の機能の詳細については、後ほど改めて述べる。

11·1·4 筋肉組織

筋肉組織は、骨格筋、心筋、平滑筋の3つに分類される（**図11·5a**）。

もっともよく知られている**骨格筋**を構成する筋細胞については図6·8aに示した。骨格筋の最小単位であるサルコメアが複数並んだ構造が筋原繊維で、筋原繊維がさらにたくさん集まった状態で細胞膜がそれらの外を取り囲んでいるのが筋細胞であるのは6·6節で示したとおりである。筋細胞には核が複数見いだされる。筋細胞の上の階層としては、筋細胞が集まり筋繊維束が構成され、さらに筋繊維束が集まったものが骨格筋である（**図11·5b**）。骨格筋では、先ほどのサルコメアが整然と並んでいるため縞模様（横紋）が見られる。

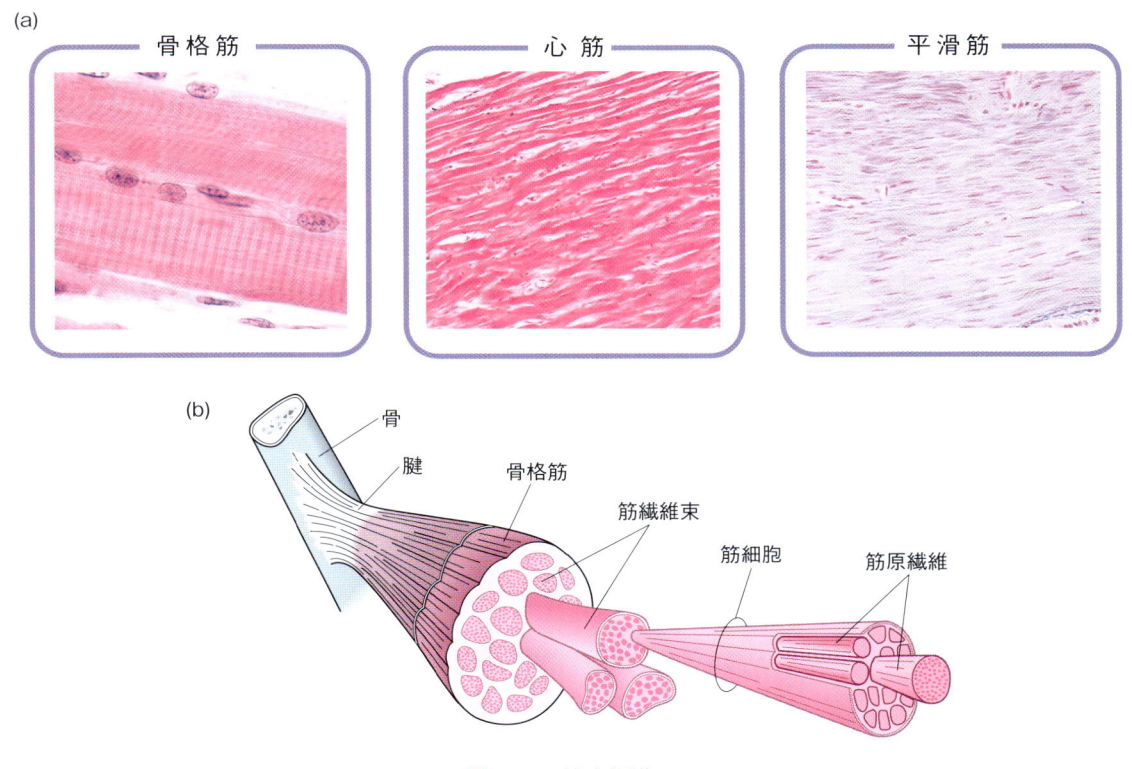

(a)　骨格筋　　心筋　　平滑筋

(b)　骨　腱　骨格筋　筋繊維束　筋細胞　筋原繊維

図11·5 筋肉組織

　　心筋にも横紋がある。骨格筋と異なるのは，心筋は複数の細胞が融合しないので多核ではない。また，心臓の収縮のために膜電位を伝達する必要があるので，心筋はギャップ結合で連絡されている。つまり，心筋細胞同士がつながっている。

　　平滑筋は，胃や腸をはじめさまざまな器官で見いだされる。消化管の収縮はこの平滑筋が担っている。平滑筋には横紋がない。つまり，アクチン－ミオシンの並びはランダムであることが特徴である。

11·2　動物の構造：神 経 系

　　私たちのからだの機能を統括する上で，脳と神経からなる**神経系**は重要である。神経系は，**中枢神経系**と**末梢神経系**から構成されている。さらに，中枢神経系は**脳**と**脊髄神経**，末梢神経系は**感覚神経**と**運動神経**に大別できる。脳は動物の行動を制御する中枢で，コンピューターにおけるCPUに対応する。脳もまた，さらに**大脳**，**間脳**，**中脳**，**小脳**，**延髄**に分類できる。脊椎動物の脳を比較すると，それぞれの脳領域の大きさが違っており，生体の行動と関連付けができる。例えばヒトの場合は大脳が大きいのはご存じの通りであるが，視覚を発達させる必要があった鳥類は間脳のサイズが比較的大きい。

　　ここで，神経の情報伝達について説明する。脳で何か考えてからだの各所に命令を出すとき，伝達される実体は何か。基本的には，神経細胞の細胞膜の電荷（膜電位）の変化である。神経の情報伝達の前に，膜電位そのものについて説明する。膜電位は，細胞質側が負に保たれている。このもっとも大きな理由は，細胞内に含まれるさまざまな物質（例えば核酸）が負に帯電されているからで，これを固定陰電荷という。膜電荷を決めるもう1つのポイントは，細胞内外のイオン濃度である。細胞におけるメジャーな陽イオンである Na^+ イオンと K^+ イオンは，ポンプのはたらきによって Na^+ が外に，K^+ が中に出し入れされる。実は細胞膜には K^+ 「漏洩」チャネルというチャネルがあって，K^+ イオンが細胞の外に再び出て行こうとする。しかし，固定陰電荷のせいで外に出ず細胞の中にとどまったままでいることができ，膜電位も負のままで安定となる。これを**静止電位**という。静止電位については，細胞内外のイオン濃度を維持するために必要な膜電位，ということで算出が可能である（この式は**ネルンストの式**とよばれる：**図 11·6**）。Na^+ イオンは細胞内外を自由に行き来することができないが，K^+ イオンは前述の漏洩チャネルのせいで外に出ようとするので，このことが実際の膜電位に反映される。

　　次に，神経細胞に信号が入ると Na^+ チャネルが開き（ここの Na^+ チャネルは

$$平衡電位\ (V) = \frac{RT}{zF}\ \ln\frac{[\mathrm{ion}]_{\mathrm{out}}}{[\mathrm{ion}]_{\mathrm{in}}}$$

（R = 気体定数，T = 絶対温度，
　z = イオンの価数，F = ファラデー定数）

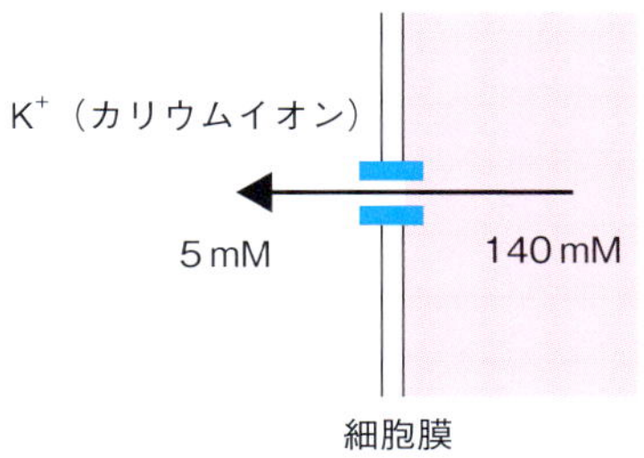

K$^+$（カリウムイオン）の場合，
外が 5 mM，中が 140 mM なので，
T = 20℃（絶対温度 293 度），
R = 8.31，z = 1，F = 9.65×10^4 で計算すると，
V =(8.31×293/1×96500) × ln(5/140)
　　= 0.025×log (5/140) / log$_{10}$$e$（$e$ は自然対数の底（ネイピア数），2.71）
　　= 0.058×log (5/140)
　　= −0.084
つまり，カリウムイオンだけを考慮すると，
膜電位は−84 mV となる。

K$^+$（カリウムイオン）

5 mM　　140 mM

細胞膜

図 11・6　ネルンストの式と膜電位

必ずしも電位依存性ではない），Na$^+$イオン（つまり陽イオン）が細胞内に流入するため，「その部分」で膜電位が上昇する。膜電位はその後 K$^+$チャネル（漏洩チャネルではない）の開放が起こって K$^+$イオンが速やかに細胞外にでることで，膜電位は再びマイナスに転じる。その後ポンプによってまた Na$^+$イオンが外に，K$^+$イオンが中に出し入れされて定常の状態に戻る（図 11・7）。

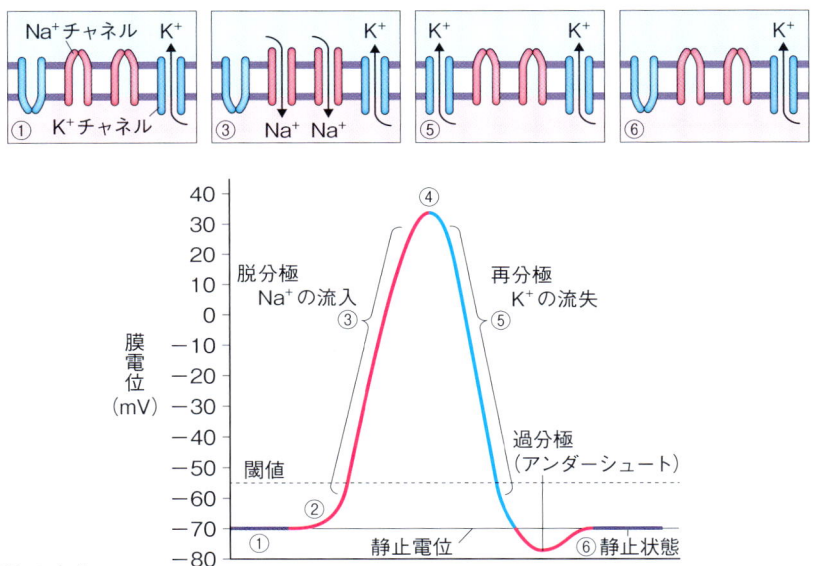

図 11・7　脱分極と膜電位の変化

　神経細胞には電位依存性 Na^+ チャネルが存在していて，ある 1 か所の膜電位の上昇を感知し，隣に位置する電位依存性 Na^+ チャネルが開く。その部分で Na^+ イオンの量が増えると膜電位が上がり，それを感知したさらに隣のチャネルが開く…… という連鎖反応によって，膜電位の上昇が神経細胞を伝導していく。これが神経細胞の情報伝達の実体である（**図 11・8a**）。なお，脱分極が解消されるまでの一定時間，刺激が入っても Na^+ チャネルが開かなくなる（不活性化状態）。そのため，脱分極の情報は，新しく脱分極が起こる方向のみに引き起こされる。まとめると，刺激を受けた神経細胞は，脱分極により活動電位が発生し，その伝導によって情報が軸索を伝わり，シナプスを介して隣の細胞にその情報を伝える。この連続が神経伝達そのものである（**図 11・8b**）。

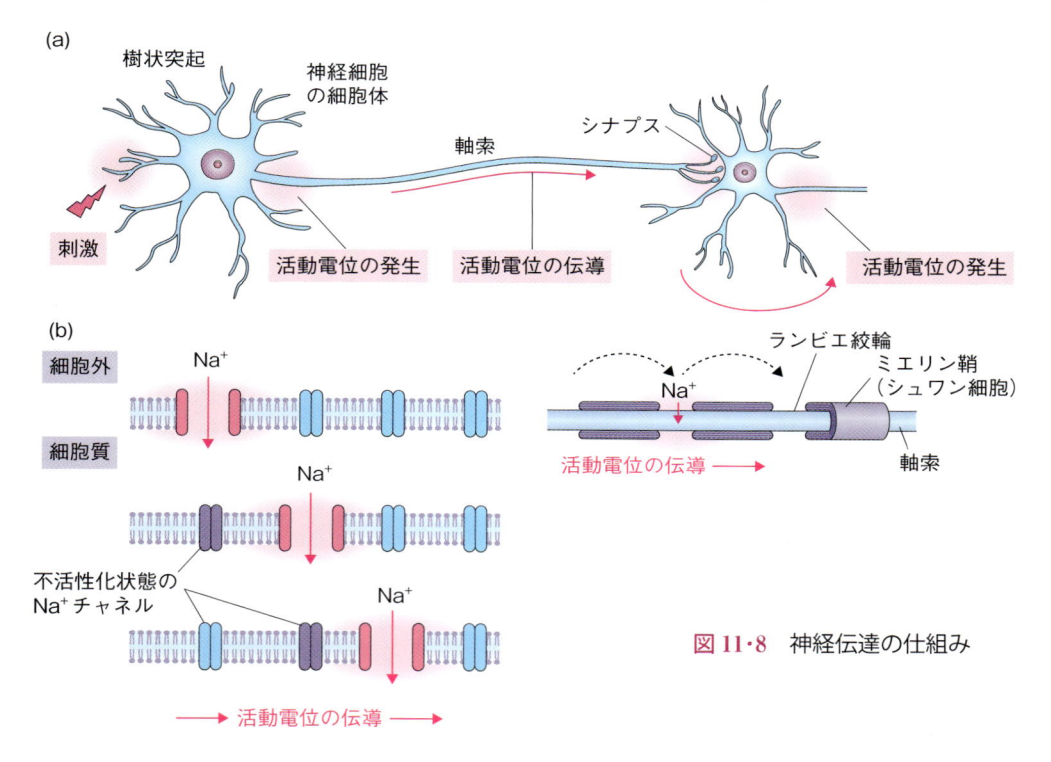

図 11・8　神経伝達の仕組み

11・3　動物の構造：感覚器官

　私たちが行動する上で，脳でさまざまな情報を処理し，指令を電気信号の形でからだのすみずみにまで伝えるのが神経系であることはわかったが，情報処理をする，おおもとの情報はどのようにして得るのだろうか。これも自分自身のことを考えればよくわかるが，外部からのさまざまな情報は感覚器官からインプットされ，やはり神経系を通して脳に伝えられる。

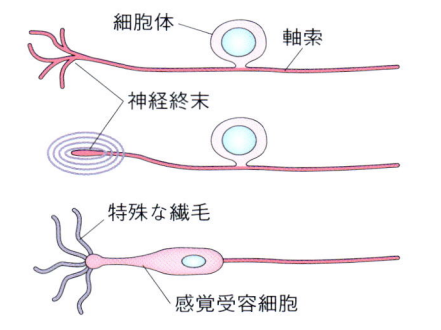

(a) 神経細胞そのものが感覚器

細胞体　軸索

神経終末

特殊な繊毛

感覚受容細胞

(b) 神経細胞と感覚器が別

微絨毛　感覚受容細胞

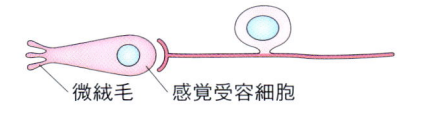

図 11·9　感覚器の種類
（東京大学生命科学教科書編集委員会編，
2018 より改変）

11章

生体の構造と機能

感覚器官には大きく分けて 2 つの種類がある。1 つは，神経細胞そのものが感覚器を兼ねている場合で，嗅覚受容器や体性感覚受容器がそれにあたる。もう 1 つは，感覚器は別にあり，そのシグナルを近接する神経細胞に渡して情報を伝えるもので，味覚や視覚はそれにあたる（図 11·9）。

ここで，皮膚感覚，嗅覚，味覚，聴覚，平衡感覚，視覚について詳しく説明する。

11·3·1　皮膚感覚（体性感覚）

皮膚をはじめ，からだの表面の感覚は，感覚器を通して末梢神経にその情報を伝える。この感覚器にはいくつかの種類がある。例えば物理的な接触の感知を担う感覚器は 2 種類あり，1 つは体表近くにある，弱い圧力感知のための感覚器，もう 1 つは少し内側にある，強い圧力感知のための感覚器である。他にも，温度を感知する感覚器，痛覚を感知する感覚器などがある。このような皮膚感覚の受容には，イオンチャネルの 1 つである TRP チャネルが関わっている。

11·3·2　嗅　覚

さまざまな匂い物質は，上皮にある**嗅細胞**によって感知される。嗅細胞には**嗅覚受容体**とよばれる膜タンパク質が存在し，匂い物質と結合することで，いくつかの過程を経て脱分極が引き起こされる。1 つの嗅細胞に存在する嗅覚受容体は 1 種類だけである。つまり，鼻には複数種類（ヒトでは約 1000 通りといわれている）の嗅細胞があり，それぞれの匂いを嗅ぎ分ける。嗅細胞は神経細胞であり，その情報はそのまま嗅球とよばれる神経の集合場所へとつながり，さらには脳へと神経が伸びている（図 11·10a）。

11·3·3　味　覚

味覚は，舌にある**味蕾**（みらい）という部分によって感知される。味蕾には**味細胞**とよ

(a)　　　　　　　　　　　　　　　　　　　　　　　　　　(b)

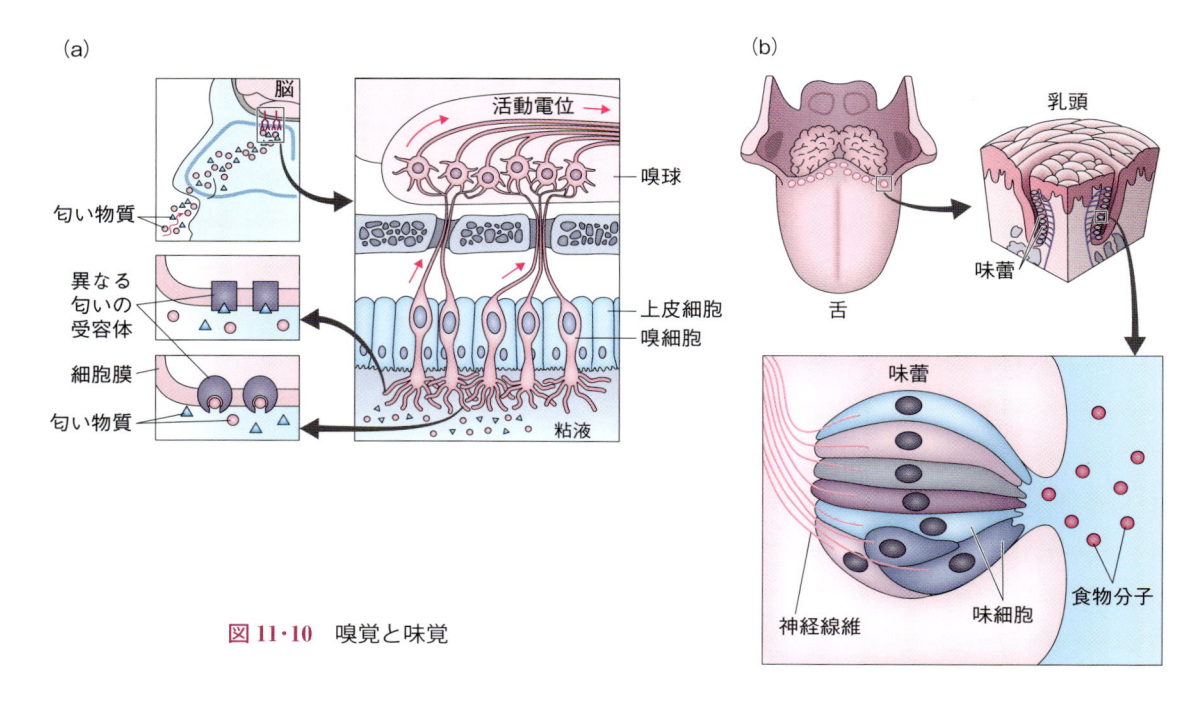

図 11·10　嗅覚と味覚

ばれる感覚受容細胞があり，その細胞には味覚受容体が埋め込まれている。味
覚受容体に味の元となる物質が結合すると，その情報が味細胞と隣接する神経
細胞に伝えられる。私たちが感じる味にはいくつかの種類があるが，塩分はナトリ
ウムチャネルが，酸味は水素イオンが TRP チャネルとそれぞれ結合することによって
Na^+ イオンが流入し，味細胞が脱分極する。一方，甘み，苦み，うまみはすべ
て GPCR とよばれる受容体にそれぞれの物質が結合することで感知される（図
11·10b）。

　舌には**乳頭**とよばれるぶつぶつした突起があるが，味蕾があるのは主に舌の
付け根にある有郭乳頭とよばれるところで，逆に，舌の中央部にある糸状乳頭
には味蕾がない。つまり，私たちは舌の中心部では味を感知することはできない。

11·3·4　聴　覚

　ご存じのように，音は耳の中にある**鼓膜**が震えることによって感知される。さ
て，その振動はどのようにして神経の情報に変換されるのだろうか（図 11·11）。
　まず鼓膜の振動は，すぐ横に隣接する**耳小骨**に伝えられ，次いでその振動が
蝸牛（うずまき管）に届く。蝸牛の中には**基底膜**という三層構造の膜がある。
基底膜は場所によって堅さと幅が異なっていて，音の周波数によって震える場
所が変わる。
　私たちがさまざまな高さの音を聞き分けられるのは，このような基底膜の場

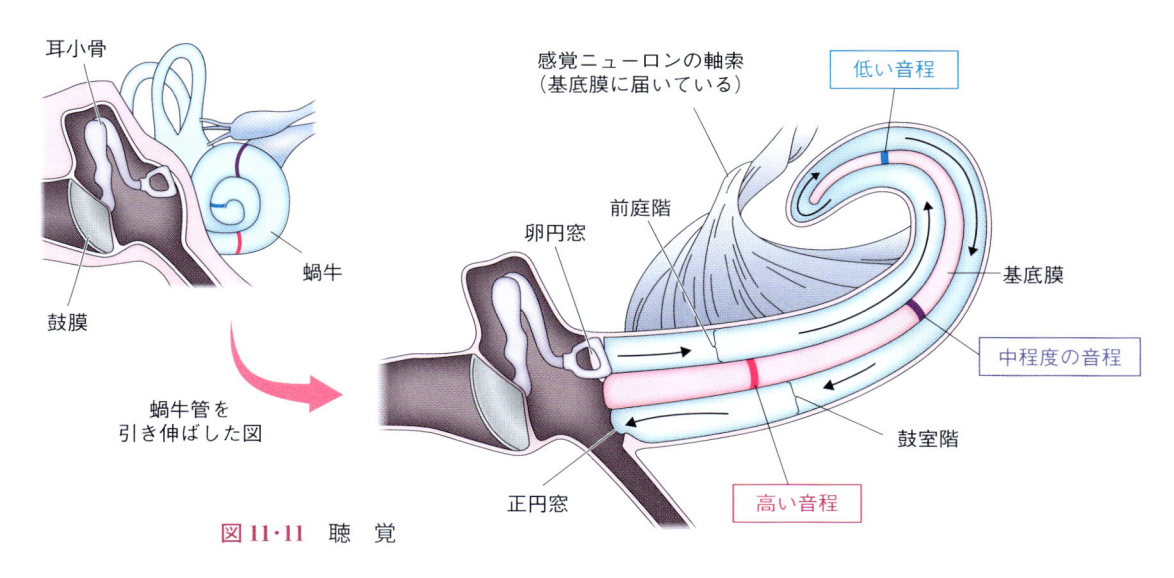

図 11・11　聴　覚

所特異的な振動メカニズムによる。

11・3・5　平衡感覚

　平衡感覚も実は内耳の部分で感知される。ここでは，体位と加速度が別々の方法で感知される。私たちが横を向いたり，下を向いたり，といった体位の感知は，**卵形嚢・球形嚢**という 2 つの丸い器官で行われる。これらの中に毛の曲がりで脱分極が起こる**有毛細胞**という細胞があり，その上に**耳石**（平衡石）が乗っている。からだを傾けると，重力の方向に耳石が動き，その重みで有毛細胞の毛が曲がり，からだの傾きを感知する。卵形嚢は水平方向，球形嚢は垂直方向の傾きを感知する。

　加速度（からだの動き）の感知は 3 つの**半規管**で行われる（三半規管という

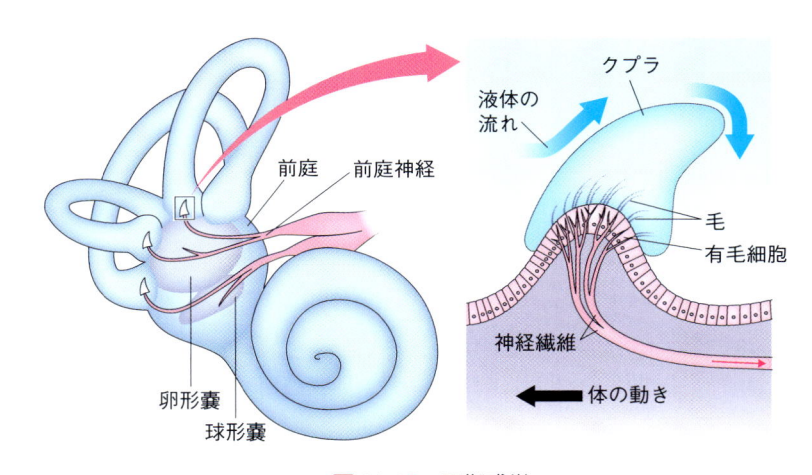

図 11・12　平衡感覚

言葉は耳にしたことがあるだろう）。半規管の中は液体で満たされており，やはり有毛細胞を含んだ，**クプラ**とよばれる構造がある。体を動かすと半規管の中の液体が流れ，その流れによってクプラが曲がって刺激が伝わる。3つの半規管はそれぞれ垂直に配置されているので，からだの動きを三次元的に理解することができる（**図 11·12**）。

11·3·6　視　覚

　視覚を担当する感覚器官が目であることはよくおわかりだろう。目の奥には**網膜**とよばれる構造があり，ここに**光受容細胞**が位置している。光受容細胞には大きく分けて**桿体細胞**と**錐体細胞**の2種類がある。桿体細胞は1種類しかなく色を識別することができないが，感度が高いため，夜間の（弱い）光の受容に役立つ。桿体細胞において光の受容に関わる色素は**ロドプシン**とよばれる。一方，錐体細胞には複数の種類があり，それぞれ異なる色を認識できる。錐体細胞で光受容に関わる色素は**フォトプシン**である。ロドプシンもフォトプシンも，オプシンというタンパク質にレチナールという物質が結合してできている。光受容細胞で受け取った情報は近接する**視神経**へと受け継がれ，脳に伝わる（**図11·13**）。

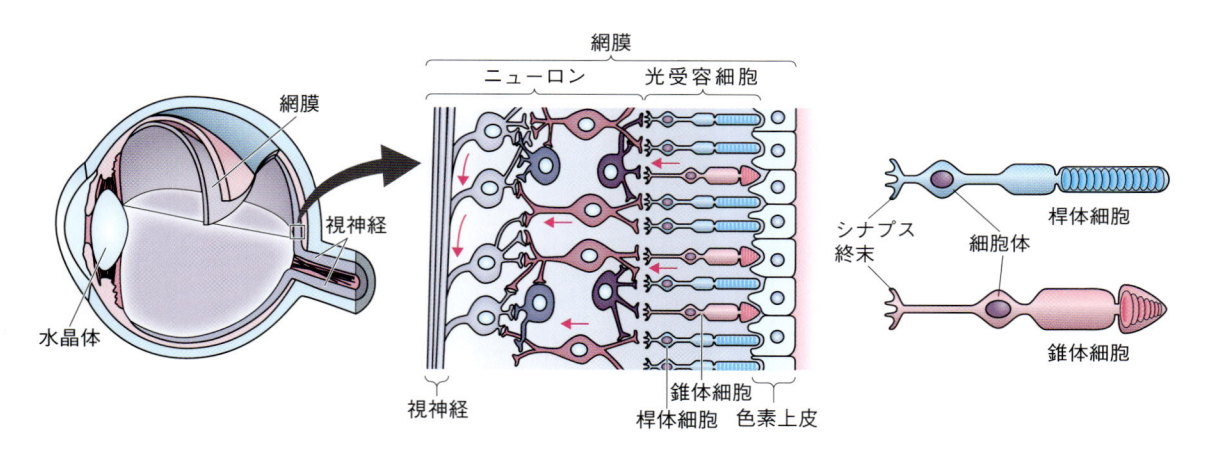

図 11·13　視　覚

11·4　動物の構造：神経伝達と筋収縮

　さまざまな感覚器から受け取った刺激は脳へと伝えられ，逆に脳の指令はさまざまな臓器や器官に伝えられる。からだを動かす主体はご存じのように筋肉である。ここでは特に骨格筋について，脳の指令から筋収縮までの過程を説明

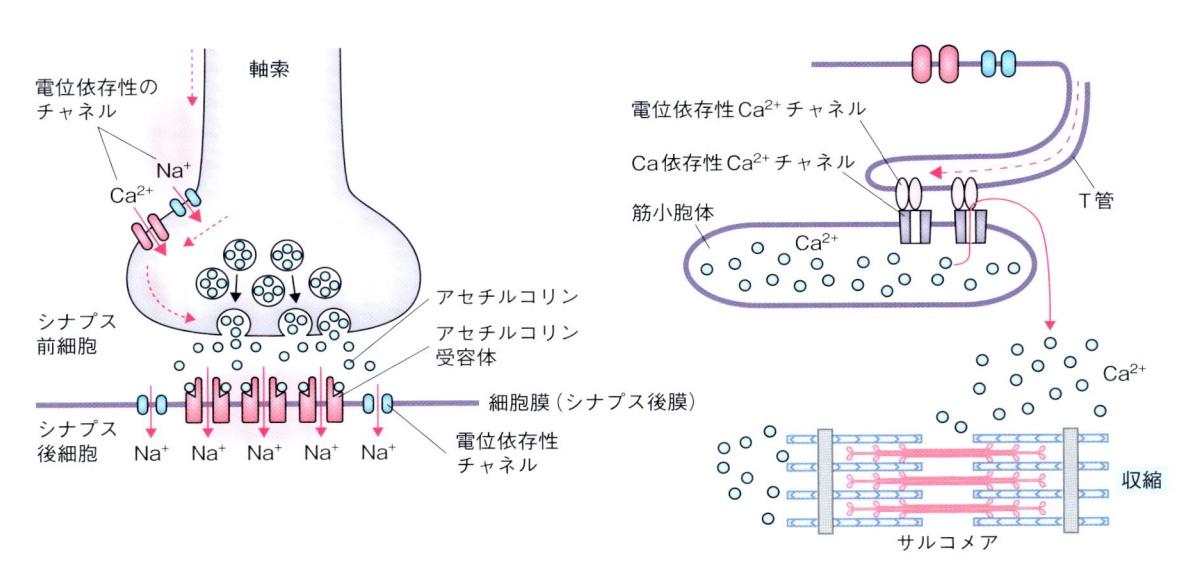

図 11·14　神経伝達と筋収縮

する（図 11·14：➡神経伝達の機構は本章 2 節，筋収縮の仕組みは 6 章）。

　脳の指令に従って，必要なニューロンの脱分極が伝わり，その情報がシナプスに到達する。すると，シナプス付近にある電位依存性 Ca^{2+} チャネルが開き，細胞内にカルシウムが流入する。シナプス内では，神経伝達物質が蓄えられた分泌小胞が待機しており，カルシウムの流入によって小胞が細胞膜と融合する。小胞と細胞膜が融合すると，その中身，つまり神経伝達物質（図ではアセチルコリン）が細胞外に放出される（➡9·4節）。神経伝達物質が次のニューロンの細胞膜（**シナプス後膜**とよばれる）に届くと，その細胞膜に埋め込まれた神経伝達物質依存性 Na^+ チャネルが開き，Na^+ イオンが流入してその細胞の脱分極が始まる…… といった流れである。こうしてニューロンの情報（＝脱分極の伝播）がどんどん標的の筋肉へと近づいていく。

　最終的には筋肉と結合しているニューロンに情報が伝わり，やはり神経伝達物質を介して筋細胞の Na^+ チャネルが開く。この脱分極の波は，筋細胞の横行管（**T 管**とよばれる）を伝わり，筋細胞の内部に到達する。ここで，シナプスにも存在していたような電位依存性 Ca^{2+} チャネルが開き，筋細胞内に **Ca^{2+} イオン**が流入する。流入した Ca^{2+} イオンは，**筋小胞体**（筋細胞の中にある小胞体）の膜にある Ca^{2+} イオン依存性カルシウムチャネルを開放し，筋小胞体に蓄えられた大量の Ca^{2+} イオンを細胞質中に吐き出して，サルコメアにふりかける。Ca^{2+} イオンがサルコメアにふりかかると筋収縮が起こるのは 6·6 節で説明したとおりである。

11·5　動物の構造：消化器系

この節では，消化器系についてごく簡単に説明する（**図 11·15**）。

11·5·1　口 ～ 胃

摂取した食物を栄養として吸収するためには，さまざまなレベルで食物を細かくすることが必要である。まず口では，歯を使って食物を物理的に細かく，あるいは柔らかくする。またヒトの場合では，唾液を分泌して食物に混ぜることで水分量を増やし，後の化学的な消化に備える。唾液には**アミラーゼ**が含まれており，炭水化物がある程度分解される。

胃では，収縮運動によって食物と胃液が物理的に混ぜられ，摂取した食物の化学的な消化が行われる。胃液のポイントは消化酵素**ペプシン**と**胃酸**（塩酸）である。強酸性の液に食物がさらされることで，食物の一部（例えば脂質）が変性・分解する。また，ペプシンによってタンパク質も分解される。ペプシンは酸性環境で働く特殊な酵素であり，胃液中で前駆体ペプシノーゲンから誘導される。胃そのものは，アルカリ性の炭酸水素ナトリウムを含む粘液で保護されることによって，強酸・酵素によって溶かされることから守られている。

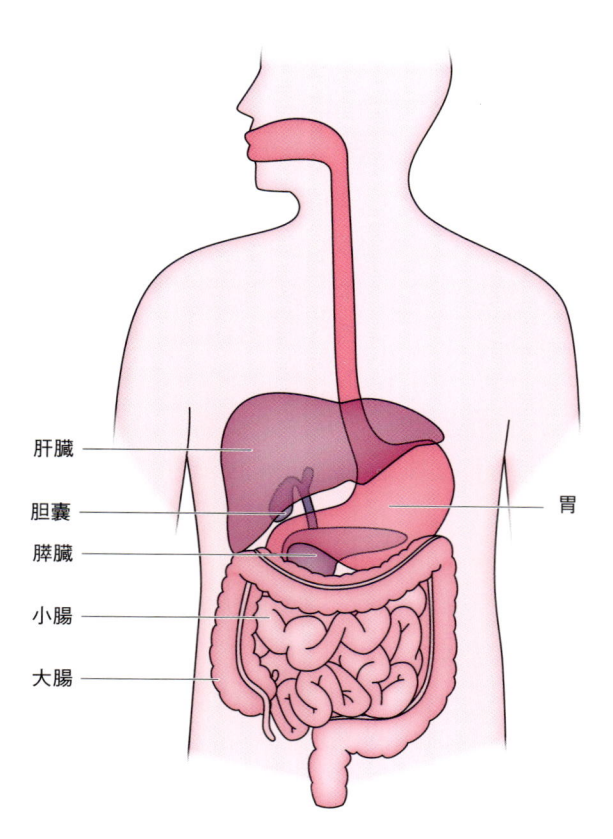

肝臓
胆嚢
膵臓
小腸
大腸

胃

図 11·15　消化器系

11·5·2　十二指腸 ～ 大腸

十二指腸では，膵臓でつくられた消化酵素（脂肪分解酵素**リパーゼ**やタンパク質分解酵素**トリプシン**など）や，肝臓でつくられた**胆汁**が振りかけられ，食

物の化学的消化が進む。こうして分解された糖，アミノ酸，脂肪酸は小腸で吸収される。小腸はおびただしい数の微絨毛に覆われていて，栄養分吸収のための表面積を広げている。食物の分解によって生じた単糖（ブドウ糖など）とアミノ酸は，小腸の上皮細胞に取り込まれた後，血液に吸収されて体をめぐる。一方，脂肪酸・モノグリセリドは小腸に取り込まれた後，リンパ液に吸収される。

　吸収後の食物は大腸に送られ，ここで水分の再吸収が行われる。最終的には肛門から食物のかすが体外に排出される。ちなみに，腸の長さは草食動物の方が肉食動物より長いことが多い。これは，細胞壁をもつ植物の組織を消化するには，動物の組織を消化するよりも時間がかかることによる。

11·5·3　肝臓・膵臓・胆嚢

　肝臓では，さまざまな代謝が行われる。例えば，グルコースからグリコーゲンを合成して貯蓄したり，逆にグリコーゲンを分解して栄養を供給する。また，アミノ酸や脂質・アルコールなどの代謝も行う。他にも，胆汁の生成など，肝臓は多くの役割をもっている。肝臓でつくられた胆汁を蓄えるのが胆嚢である。十二指腸に食物が到達すると，あるホルモンの働きで胆嚢から胆汁が胆管を通って十二指腸に放出される。膵臓では，消化酵素の生成が行われ，また血糖値を調節するホルモンもつくられる （➡ 12·4 節）。

尿と便の色はどこから？

　食べたものは白いものばかりなのに便の色はなぜ茶色いのか，と思ったことはないだろうか。また，尿も透明ではなく薄い黄色をしている。これらの色はどこから来るのだろうか。答えは血液と関係がある。

　肝臓において，老朽化したヘモグロビンは分解されて胆汁となる。この成分の１つがビリルビンである。胆汁は十二指腸に排出される。ビリルビンはその後，腸内細菌の働きによってウロビリノーゲンに変化する。ウロビリノーゲンは実は透明であるが，さらに腸内で変化してステルコビリンという物質になる。これが茶色であるため，便の色は茶色になる。

　ちなみに，ウロビリノーゲンの一部は小腸で再吸収されて血液に戻される。これはその後ウロビリンという黄色の物質となり，腎臓で濾過されて尿として排出される。

11·6　動物の構造：循環器系と呼吸器系

　細胞が生存するためには，栄養だけでなく酸素が必要である。その理由は 5·2 節で述べた通り，細胞呼吸に使うためである。この酸素はどのように運ばれる

のだろうか。答えはご存じのように，血液・心臓・血管（循環器系），そして肺（呼吸器系）によって運ばれる。これらについては高校生物で詳しく学んでいる部分があるので，それも考慮しながら説明を進める。

　ヒトの血管と心臓はつながっていて，穴があいている部分は基本的にはない。このような循環系を**閉鎖血管系**とよぶ。一方，昆虫などは血管が全部つながっておらず，間質液（細胞と細胞の間を満たす液）に流れ出る。このような循環系は**開放血管系**とよばれる。血管は**動脈・静脈・毛細血管**の 3 種類があるが，特徴的なのは血管そのものの構造の違いである。動脈は分厚い筋肉に覆われているが，それに比べて静脈を取り囲む筋肉は薄い。そして毛細血管の管壁にいたっては，わずか 1 層の上皮細胞からつくられている（**図 11・16**；11・1 節も参照）。

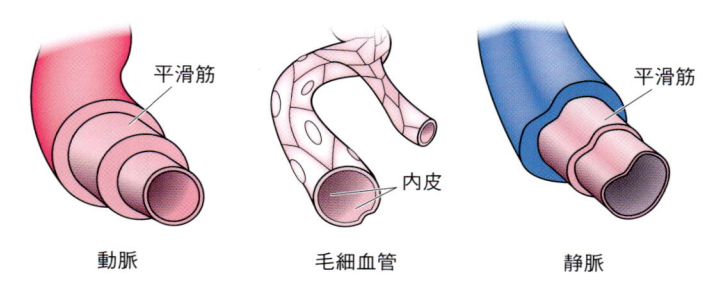

動脈　　　　　　　　毛細血管　　　　　　　　静脈

図 11・16　血管の種類

毛細血管には括約筋（血管を縛るような筋肉）が備わっていて，動脈から毛細血管に流れる血液の量をコントロールすることができる。これによって，必要のないところに血液を流すことが避けられ，酸素供給の効率が上がる。同様に，静脈の血管の中には弁があり，逆流を防ぐ工夫がなされている。

　心臓は拍動している。これは，心臓に備わる**洞房結節**と**房室結節**の働きによる。洞房結節の細胞は自律的に活動電位を発生させていて，この脱分極のシグナルが心房全体に広がることで，心房の心筋が収縮する。その際，房室結節の活動電位も引き起こす。房室結節で生じた脱分極のシグナルは，次に心室の収縮につながる（**図 11・17**）。心臓における心房と心室の収縮にタイムラグがあるのはこのせいである。

　次に**血液**について触れる。高校で学んだとおり，血液は**血漿**と**血球**に分けられ，血球は**赤血球**，**白血球**，**血小板**に分類される。ここでは，赤血球についてのみ触れる。赤血球の大きさは直径 8 マイクロメートル（μm），厚さ 2 マイクロメートルの円盤状で，ヒトの場合核をもたない。血液 1 ミリリットル（mL）あたり，成人男性の場合は約 40 〜 50 億個の赤血球が入っていて，赤血球の中には**ヘモ**

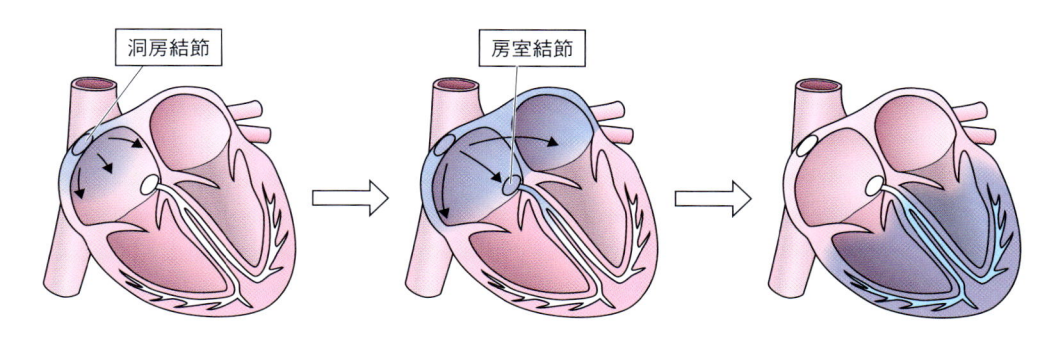

洞房結節　　　房室結節

図 11·17　心臓の拍動

11 章

生体の構造と機能

グロビンが約9割（乾燥重量において）も含まれている。ヘモグロビンは，タンパク質の四次構造の例としてよく取り上げられるので，分子構造はそちらを参照してほしい（➡ 図 3·4）。

　ここで重要なのは，ヘモグロビンがどのようにして酸素をもったり放したりできるか，ということである。これはヘモグロビンの周囲の酸素濃度に依存していて，酸素濃度（**酸素分圧**とよぶ）が高いときにはヘモグロビンの中にある**ヘム**という色素が酸素と結合し，ある一定以下に酸素分圧が下がると酸素を放すという性質がある。このことによって，肺にいる赤血球のヘモグロビンは酸素を受け取り，酸素を盛んに消費している（つまり酸素分圧が低い）細胞の近辺で酸素を手放すことができるのである。これをグラフにしたものが，酸素解離曲線である（**図 11·18**）。ちなみに，酸素を手放す比率（このグラフの縦軸）

を見たとき，体を激しく動かしている時とそうでない時で違うことがわかる。体を動かしていない時は，酸素をさほど手放すことなく血管系を循環するだけである。無駄かもしれないが，俊敏な動きを始めてから肺で酸素を受け取るのではなく，あらかじめ酸素をもっておいて準備をしておくと考えると，この仕組みがリーズナブルであることがわかる。

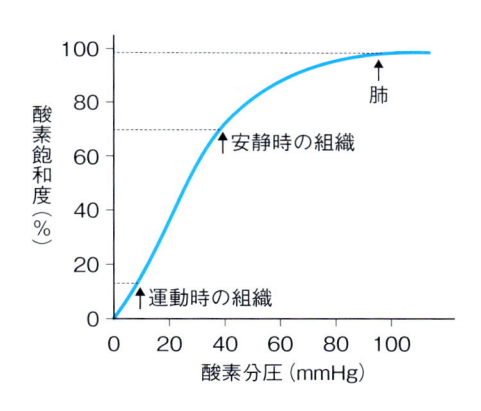

図 11·18　ヘモグロビンの酸素解離曲線

　さて，細胞では酸素が消費された後，二酸化炭素が放出される。二酸化炭素を肺まで運搬することも血液の重要な役目である。二酸化炭素もヘモグロビンが運ぶのかというと，この答えは△であり○ではない。では二酸化炭素がそのまま血漿に溶け込んで運ばれるのかとい

うと，これも限りなく×に近い△である。実は二酸化炭素は，赤血球の働きによって炭酸水素イオンに変換され，これが血漿に溶け込んで肺まで移動するのである。この方法が，運ばれる二酸化炭素全体の約7割に達する。ちなみにヘモグロビンも二酸化炭素の運搬が一応可能だが，全体の2割程度である。

　最後に，ガス（酸素・二酸化炭素）交換の器官である肺について説明する。肺には肺胞とよばれる小さな袋状の構造がたくさん存在していて，そこに毛細血管が進入している。肺が膨らんだりしぼんだりするのは，肺の下部にある横隔膜が収縮することによる。ガス交換の原理は，基本的には分圧（気体の濃度）の差で行われている。つまり，酸素分圧は肺胞よりも血液の方が低いので酸素は血液に溶け込み，逆に，二酸化炭素分圧は肺胞より血液の方が高いので血液から放出される。非常に単純な化学反応によってガス交換が行われているのである。

さまざまな動物の呼吸系と「対向流交換」

　動物には肺以外にもさまざまなガス（酸素・二酸化炭素）交換の仕組みがある。例えば昆虫では気管とよばれる管が全身に張り巡らされていて，ガス交換はその管を介して行われる。また，両生類や爬虫類の中には皮膚呼吸によって呼吸を行うものもいる。もちろん魚類はもっぱら鰓がガス交換のための器官である。

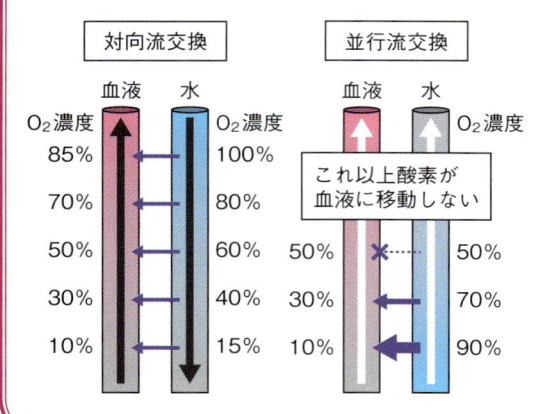

　鰓呼吸における重要な概念として，「対向流交換」というものがある。鰓では水が流れる方向と並行に血管が走っていて，それぞれの場所でガス交換ができる。面白いことに，血液が流れる方向と水が流れる方向は逆になっている。これは下記のような理由による。

　すでに説明したように，基本的にガス交換は分圧差で行われるので，血液の酸素分圧が交換器官の酸素分圧より大きくなってしまうと，もはやガス交換は行われなくなってしまう。血管とガス交換の管（鰓）を考えたとき，両者の流れを同じ向きにすると，途中で酸素分圧の差がなくなってしまうが，対向流にすると，交換面の全体にわたって（酸素分圧が血管＜ガス交換の管）となり，より効率的に酸素を取り入れることができる。血液が流れる方向を変えるだけでガス交換の効率が上がるというのは，素晴らしい工夫であるといえよう。

11 章の練習問題

問1 以下の文章の □ に当てはまる用語を以下の 1 〜 11 から選べ。

　動物の組織は 4 種類ある。そのうちの 1 つは上皮組織である。上皮組織は，細胞の形に応じ，□ア□ 上皮，□イ□ 上皮，そして立方上皮と分類される。□ア□ 上皮は毛細血管の管壁や □ウ□ など，□イ□ 上皮は □エ□ などに使われている。結合組織は非常に多様性に富んでいるが，共通する特徴は □オ□ を多く含むことである。それ以外にも，神経組織，筋肉組織がある。

　1：扁平，2：水平，3：柱，4：直方，5：円柱，6：腸上皮，7：気管支，8：肺胞，9：多糖類，10：細胞外マトリックス，11：タンパク質

問2 細胞の膜電位を決める根拠となっているイオンは何か。また，それはなぜか。答えよ。

問3 平衡感覚について，以下の問いに答えよ。

(a) 三半規管はからだのどういう状態を認識するか。

(b)（a）の認識は，クプラという構造によって行われる。では，クプラはどのようにしてその情報を認識することができるか。その仕組みについて説明せよ。

12章　内部環境の維持機構
― 生物は環境の変化にどう対応するか ―

　生物の個体は，絶えず何らかの環境変動にさらされているにもかかわらず，生命活動を維持することが可能である。化学反応では，反応温度に依存してその効率を変動させるが，それとはまったく対照的である。ホメオスタシス（恒常性）については高校生物でも比較的よく学習されている分野ではあるが，この章では，改めて内部環境を維持する仕組みについて触れたい。

高校「生物基礎」で学んだこと

【内分泌】
- 体内環境を一定に保つため，産生細胞から遠く離れた細胞に働きかける物質をホルモンとよぶ。ホルモンを分泌する器官はからだの中のあちこちにある。ホルモンが作用する器官を標的器官という。
- ホルモンの調節は，主に脳にある視床下部と脳下垂体によって行われる。脳下垂体はさらに前葉と後葉があり，それぞれ違う働きをもつ。
- ホルモンの種類としては，脳下垂体から分泌されるバソプレシン，甲状腺から分泌されるチロキシン，膵臓ランゲルハンス島から分泌されるインスリン・グルカゴン，副腎皮質から分泌される鉱質・糖質コルチコイド，副腎髄質から分泌されるアドレナリンなどが知られる。

【血糖値調節】
- 血糖値の調節はいくつかのホルモンが担っている。血糖値が下降したときはグルカゴンや糖質コルチコイド，アドレナリンなどが作用して肝臓のグリコーゲンがグルコースに変換される。一方，血糖値が上昇したときにはインスリンが働く。

【水分調節】（図 12·6）
- 腎臓は皮質と髄質，腎盂からなる。皮質と髄質の部分にはネフロンがある。
- ネフロンの一部，糸球体で血液から老廃物が水とともに濾過される。

・その後，細尿管で水とイオンが再吸収され，濃縮された尿が体外に排出される。

【免疫と生体防御】
・微生物やウイルスなどの外敵が外部から個体内に侵入することを防ぐ仕組みを免疫とよぶ。
・免疫には自然免疫と獲得免疫がある。前者は樹状細胞やマクロファージが関わり，後者はT細胞とB細胞がその主役となる。
・キラーT細胞（細胞傷害性T細胞）が関わる免疫システムは細胞性免疫，B細胞とその産生物である抗体が関わる免疫システムは体液性免疫とよばれる。

12·1　自律神経と交感・副交感神経

　　体内環境を一定に保つため，神経系，特に不随意である**自律神経**が重要な働きをする。自律神経は大別すると**交感神経**と**副交感神経**に分かれ，環境変化への対応，その対応によって変化したからだの状態を元に戻すことにそれぞれ関わる。
　　一例を挙げると，外敵との闘いなど緊張状態になったとき，交感神経が働き，心拍数や呼吸数，体温の上昇，瞳孔の拡大，胃液・唾液分泌の抑制などが起こる。交感神経は，背骨（脊柱）の外側に張り付くように存在する交感神経幹から出た節後ニューロンが各器官につながり，さまざまな反応をうながす。一方，副交感神経は，交感神経によって変動した体内の反応を元に戻す。副交感神経は，交感神経幹ではなく中脳・延髄そして仙髄などから伸びている。交感神経と副交感神経をコントロールする場所が違っている点は興味深い（**図 12·1**）。

12·2　内　分　泌

　　内分泌系は，ホルモンに代表されるように，化学物質によって体内環境を一定に保つ仕組みである。それら化学物質は脳からの指令によって分泌されることが多いが，ここで神経による指令伝達とホルモンによる指令伝達の違いについて触れる。
　　神経は，脳からからだの隅々まで確実に信号を伝える。また，その速度は有髄神経を利用した場合非常に速い（有髄神経では 100 m/s 以上のものもある）。

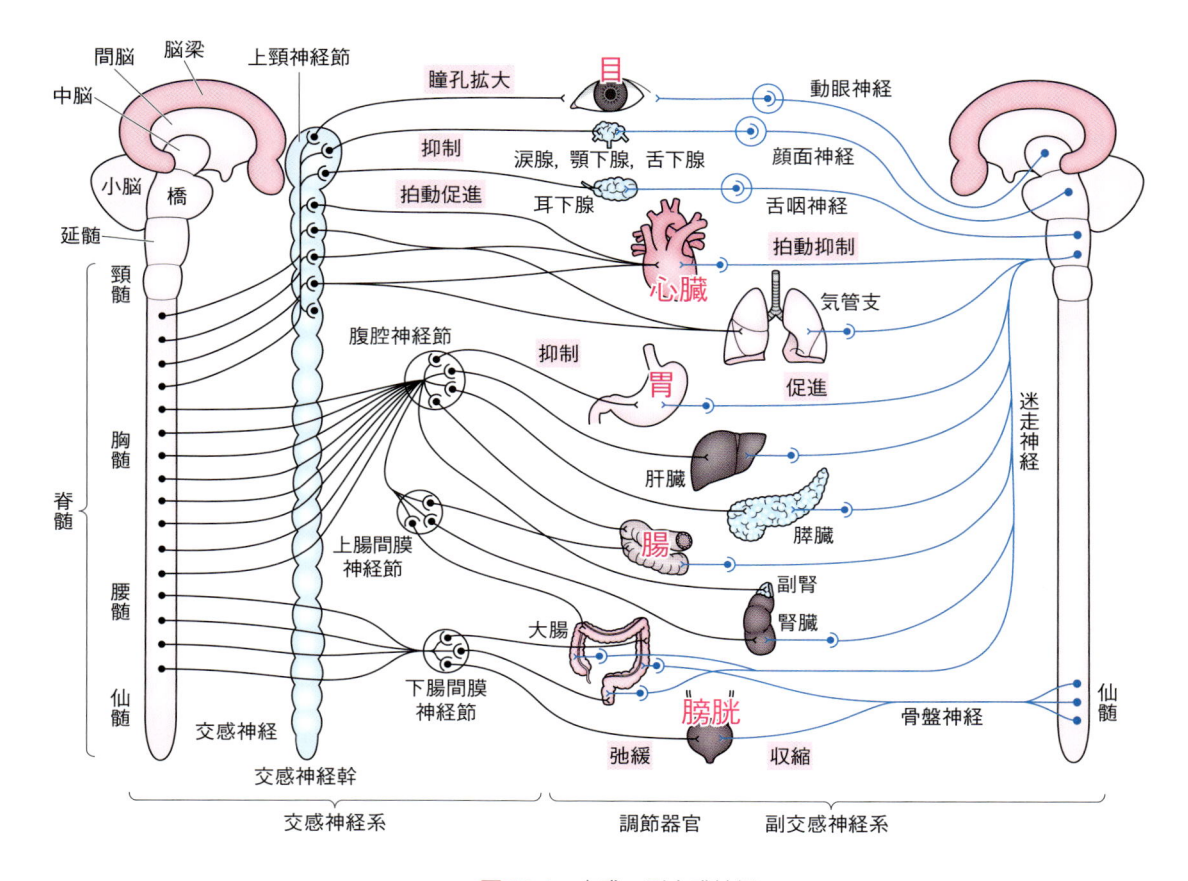

図 **12·1**　交感・副交感神経

一方，神経は決められた標的だけに正確に情報を伝達するが，体全体の統合的な反応をうながすためにはそれだけ多くの神経細胞が必要となる。逆に，ホルモンによる調節は，標的細胞だけに速いスピードで情報を伝えることはできないが，少ない種類の物質を使い，体全体を協調的に反応させることが可能となる（図 **12·2**）。

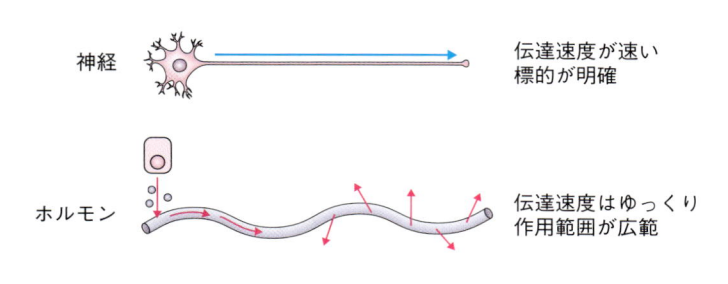

図 **12·2**　神経による調節，ホルモンによる調節

ホルモンにはさまざまな種類がある。ホルモンを生産する器官としては，視床下部，脳下垂体，甲状腺，生殖器官，副腎だけでなく，膵臓や胃・腸などの消化器など多岐にわたる。主なホルモンについてまとめたものを表 **12·1** に示す。

表12·1　主なホルモンの分泌器官と作用

分泌器官	ホルモン	主な標的組織	主な作用
視床下部	放出ホルモン（GnRH，CRH など）	脳下垂体前葉	特異的なホルモンの分泌を刺激
脳下垂体前葉	成長ホルモン	多くの組織	タンパク質合成促進，成長促進
	甲状腺刺激ホルモン（TSH）	甲状腺	甲状腺ホルモン分泌を促進
	副腎皮質刺激ホルモン	副腎皮質	副腎皮質ホルモン分泌を促進
	性腺刺激ホルモン（LH，FSH）	生殖腺（卵巣，精巣）	生殖腺機能を刺激
脳下垂体後葉	オキシトシン	子宮	収縮
		乳腺	射乳の誘発
	バソプレシン	腎臓	水の再吸収を促進
甲状腺	甲状腺ホルモン	多くの組織	代謝促進，成長，発育
膵臓のランゲルハンス島	インスリン	多くの組織	血糖値低下
	グルカゴン	肝臓，脂肪組織	血糖値上昇
副腎髄質	カテコールアミン（アドレナリン，ノルアドレナリンなど）	心筋，血管，肝臓，脂肪組織	心拍数・血圧・代謝・血糖値の上昇
副腎皮質	糖質コルチコイド（コルチコステロン，コルチゾルなど）	多くの組織	血糖値上昇，抗炎症，胃酸分泌促進
	鉱質コルチコイド（アルドステロンなど）	腎臓	Na^+ の再吸収促進
消化管	消化管ホルモン（セクレチンなど）	消化管，胆嚢，膵臓	消化管機能の調節
卵巣	エストロゲン（エストラジオールなど）	多くの組織	女性第二次性徴の発達
		生殖器官	卵胞発育，子宮内膜肥厚，膣上皮増殖
	プロゲステロン	子宮	妊娠の維持
		乳腺	発達の促進
精巣	アンドロゲン（テストステロン）	多くの組織	男性第二次性徴の発達
		生殖器官	精子形成

GnRH：性腺刺激ホルモン放出ホルモン，CRH：副腎皮質刺激ホルモン放出ホルモン，LH：黄体形成ホルモン，FSH：卵胞刺激ホルモン。（八杉貞雄，2013 より改変）

ホルモンとステロイド

　本文ではホルモンについて表で簡単に触れた。ここでは，その中の1つであるステロイドホルモンについてもう少し詳しく紹介する。ステロイドとは，ある決められた構造をもつ化学物質の総称である。具体的には，炭素原子が6つながって環状になっている六員環が3つと，5つながって環状となる五員環が1つ，合計4つの炭素環がつながった構造がステロイド構造である。基本的にはステロイドは疎水性であるが，ヒドロキシ基がつくと水溶性になる。この1つがよく耳にする「コレステロール」である。

　さて，ステロイドホルモンにはいくつかの種類があり，副腎皮質ホルモンや性ホルモンに分類される。アンドロゲン（テストステロン）は性ホルモンの1つで，筋肉の増強などの働きがある。そのため，スポーツ選手にテストステロン投与が行われた（いわゆるドーピング）時代もあった。しかし，例えば心臓への影響など，からだに大きな副作用が及ぶことから，現在では強く禁止されている行為である。

　ステロイドでもう1つよく耳にするのは，皮膚病（例えばアトピー性皮膚炎）に対する投与である。糖質コルチコイドは抗炎症作用や免疫抑制の効果があるため，アレルギー性の皮膚炎に対して効果を発揮する。ただ，ステロイドホルモンは他にも多くの作用があるため，多量の服用はやはり大きな副作用を招くことから，慎重な処方がなされている。

12・3　体温調節

　夏の暑いとき炎天下にいると，当たり前であるが体温が上昇する。すると人間は熱中症になり，最悪の場合は死に至る。体温が上昇すると，なぜ生命活動に支障が出るのだろう。体内のさまざまな化学反応をつかさどる酵素の至適温度は多くが37℃であり，それ以上温度が高くなると酵素の活性がむしろ低下し，生命活動に影響が出る。そのため，動物は一般に体温をなるべく一定に保つようにする。

　恒温動物では，体温調節は視床下部が行っている。さしずめ，エアコンの「温度コントローラー」である（**図 12・3**）。体温が上昇すれば，視床下部がそれを感知して体温を下げるような調節を行うし，下降すれば体温を上げるような調節を行う。体温低下時には，代謝によるエネルギー産生が起こるとともに，ふるえのような行動も起こる。逆に，体温が上昇したときは，血管が拡張して熱放射が促進され，発汗による蒸散熱放出などによって体温の下降をうながす。

　一方，**変温動物**は字のままに，体温を一定にする仕組みも必要性もないように聞こえるが，例えば爬虫類の一種は体温が上昇すると日陰に隠れたり，熱伝導度の高い石にからだを押し当て冷やしたりすることにより，行動として体温を一定にする努力をする（**図 12・4**）。そういう点では，体温調節の必要性はなにも恒温動物に限らない。

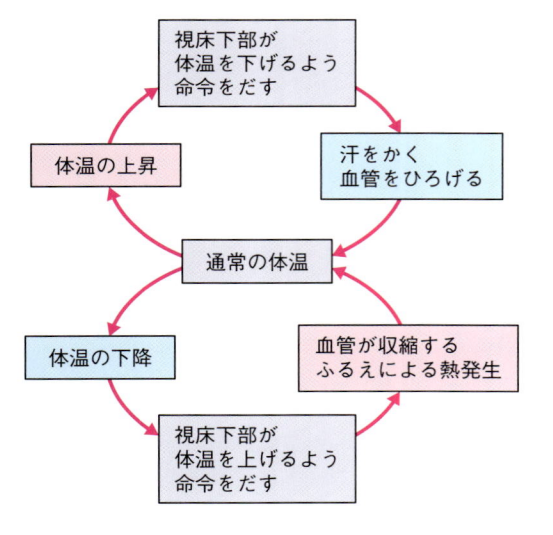

図 **12・3**　体温調節の概念

図 **12・4**　体温調節のために動物がとる様々な行動

12·4　血糖値調節

　　私たちのからだを維持するための栄養の多くは，血管を通して供給される。糖も栄養の1つで，小腸から吸収されたグルコースなどの糖は，血漿に溶け込んだ形で運搬される。**血中グルコース濃度（血糖値）**は，一日のなかでかなり変動する。食物を摂取した後は血糖値が上昇するし，逆に空腹の状態では血糖値が下がっていく。しかし，そのまま何もしないと，やがて細胞に栄養が供給されなくなり死に至る。そのため，血糖値を上げるための手段がからだには複数用意されている。例えば，運動などさまざまな活動によって細胞はエネルギーを消費し，新しい糖分を血液からうけとる。その結果，血糖値が下がってくる。そのまま何もしなければ血液の糖分はなくなり，細胞にそれ以上糖分を供給することができなくなるが，その前にからだは低血糖を感知して対応策を講じる（図12·5①）。

　　血糖値が下がると，肝臓では貯蔵物質である**グリコーゲン**の分解が進み，血糖値を回復させる。血糖値増加に関わるホルモンは，脳下垂体から分泌される**成長ホルモン**，副腎皮質からの**コルチゾル**，副腎髄質からの**アドレナリン**，ランゲルハンス島 α 細胞から分泌される**グルカゴン**などが挙げられる。

　　一方，糖の供給が十分になると，徐々に血糖値が増加する。このことが維持されてしまうと，エネルギーの無駄になるだけでなく血管や細胞にも悪い影響を与えるため，グルコースからグリコーゲンをつくりだして肝臓に貯蔵することなどを通して血糖値は下げられる。この働きはランゲルハンス島（膵島）β 細胞から分泌される**インスリン**が担う（図12·5②）。ただ，血糖値を下げる働きをもつホルモンは，上げる働きをもつホルモンより圧倒的に少ない。これは，高血糖はすぐには生命の維持の危険を招かないからである。

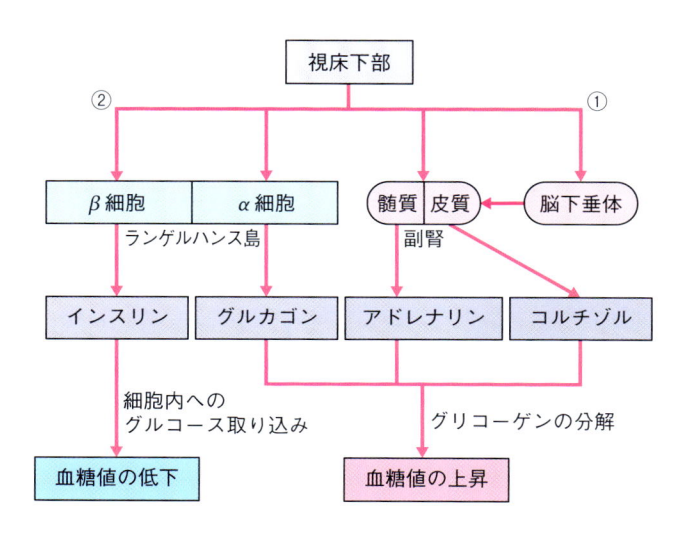

図12·5　さまざまな血糖値調節

**糖尿病とインスリン分泌による
血糖値コントロール**

食生活が乱れ，高脂肪食・高カロリー食を摂取したりアルコールを大量に飲む生活を続けていると，やがて糖尿病になる。糖尿病の定義は糖を含む尿を排出することではなく，血液中の糖分が基準値以上の状態が続くこと，とされている。糖尿病は2つのタイプに分類される。上に書いたような，生活習慣に起因して発症する糖尿病は2型糖尿病とよばれる。一方，自己免疫疾患などに起因して膵臓のランゲルハンス島に存在するβ細胞が破壊され，インスリン分泌ができなくなる糖尿病は1型糖尿病とよば

れる。

血糖値が低い状態が続くと致命的であるが，血糖値が高いとなぜからだに悪い影響が及ぶのだろうか。血中のグルコース濃度が高いと，血管の内皮細胞がダメージをうける。また，動脈硬化の引き金ともなる。そういった事態を防ぐため，各細胞でのグルコース代謝やグリコーゲン新生の促進によって血糖値を下げる仕組みがある。これを行うのがインスリンで，細胞に存在するインスリン受容体とインスリンが結合すると，細胞内シグナル伝達の働きで糖をつくり出すために必要な酵素遺伝子の発現が減り，グリコーゲン合成酵素が活性化される。

12·5　水分調節

陸上で生活する生物にとって，水分の調節は最も重要な問題である。例えば，夏の暑いときには体温調節を行うために大量の汗をかく。また，私たちはからだの代謝の結果生じた老廃物を，尿とともに排出する。おわかりのように，体内の水分量が減ると生命の危機に瀕するが，そうであっても，一方では必ず水分を排出する必要が出てくる。

さて，尿によって喪失する水分は人間の場合1日2リットル弱である。一方，血液中に溶け込んだ老廃物の濾過によって生じる原尿は1日約180リットルであるといわれている。この差はどこから生まれるかというと，尿をつくり出す腎臓において，水分が再吸収されることによる（図12·6）。

まず，糸球体で濾過された水と老廃物（原尿とよぶ）は，近位細尿管（尿細管）というところでNa^+イオンが能動輸送によって再吸収される。このとき，水も一緒に細尿管の外に出る（尿の浸透圧が下がるため）。次に，細尿管は腎臓の皮質から髄質に向かうが，その過程では水分が細尿管から髄質に移動する。ここで吸収された水分はすみやかに血管に移動するので，管の外の浸透圧は高いまま維持される。次に髄質から再び細尿管は皮質に戻る。このとき，Na^+イオンやCl^-イオンが受動輸送，次いで能動輸送によって髄質に吸収される。この一連の

流れによって原尿が濃縮される（近位細尿管から遠位細尿管までの部分を**ヘンレのループ**とよぶ）。最後に，集合管でもう一度水や Na^+，Cl^- イオンが再吸収される。ここでの水の吸収は，からだの水分量を一定に保つために制御される。この制御には脳下垂体から出るバソプレシン，副腎皮質から出る鉱質コルチコイ

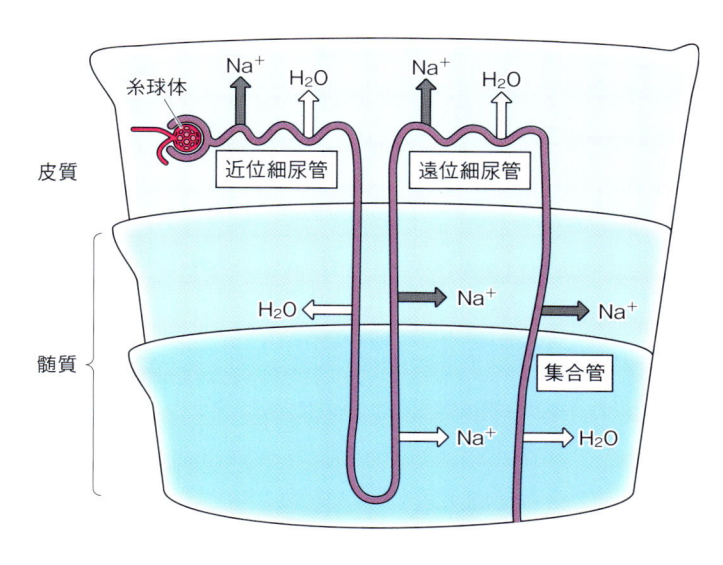

図 **12・6**　水分量の維持：腎臓における Na^+ イオンと H_2O の再吸収 黒い矢印は能動輸送を示す。

ドなどが関わる。老廃物の濃度がさらに濃くなった尿が膀胱に移動する。

　このように腎臓は，老廃物を水とともに濾過し，そして大量の水とイオンを体外に流出させないため，再吸収を行う。陸上に生きる生物の水分量が保持されるために果たす腎臓の役割が，非常に重要であることがおわかりになっただろう。

さまざまな生育環境と浸透圧，そして体液調節

　地球上の生物はさまざまな場所で生息している。陸上に住む生物，川や湖に住む生物，海に住む生物，それぞれ環境が大きく違う。

　海で暮らす多くの生物は，体液を海水と同じ浸透圧にしていて，体内と体外での水分・イオンの収支バランスをうまく釣り合わせている。しかし，海水魚では体内のイオン濃度が低く抑えられており海水の塩濃度が高いため，体内から水分が失われないような体液調節が必要となる。具体的には，鰓のところに Na ポンプがあって，吸収された Na^+ イオンを排出するような仕組みがある。また，排出される尿もイオン濃度が非常に高くなっていて，効率よくナトリウムを排出できる。

　逆に，淡水魚は体外にイオンが失われることに対する工夫が必要で，例えば淡水魚は薄い尿を大量に排出する。また，餌に加え，鰓からもイオンを取り込む仕組みがある。陸上生物はとにかく水分喪失に対する対策が必要であり，消化管（大腸）での水分再吸収，さらには 12 章の本文に記載した腎臓での水分再吸収の仕組みがきわめて重要となる。特に，腎臓では老廃物の濾過を行う上で大量の水分が必要となるので，腎臓に両方（つまり老廃物排出と体液調節）の役目をもたせたことは臓器の効率化の観点からも興味深い。

12·6　免疫と生体防御

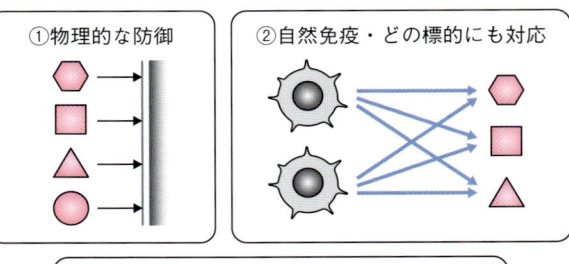

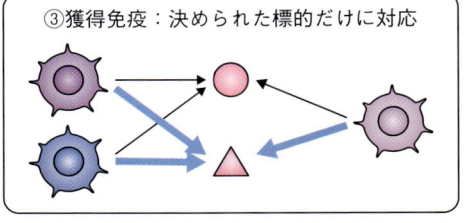

図 12·7　生体防御の 3 つの段階

免疫という言葉を聞くと，ぱっと「抗体」のことを思い浮かべる人は多い。しかし，免疫つまり「疫（伝染病）」を「免（まぬがれる）」ための仕組みは，なにも抗体だけではない。生体防御の仕組みは，大きく以下の 3 つに分けることができる（図 12·7）。

①まず 1 つ目は，**物理的な生体防御**である。最も重要なのは皮膚で，上皮細胞は何層にも積み重なっていて（➡ 11·1·1 項）ウイルスや細菌の侵入を防いでいる。皮膚の上皮細胞が死んだ後にすぐ脱離せずに存在するのも，細胞内のケラチンが残ってやはり皮膚を保護することに役立っている。

また，細胞の表面の pH は弱酸性に保たれているが，これも細菌の繁殖を抑えることに役立っている。

もう 1 つの物理的な防御として粘液がある。肺の気管上皮からは粘液が分泌されていて，呼気と一緒に入ってくる異物や細菌を捕獲する。その後，捕獲された異物は，繊毛の運動によって外へと送り出されて排出される。

②物理的な防御を突破して侵入してきた病原菌などに対しては，2 つ目の生体防御である**自然免疫**が働く（図 12·8）。自然免疫では，ナチュラルキラー細胞

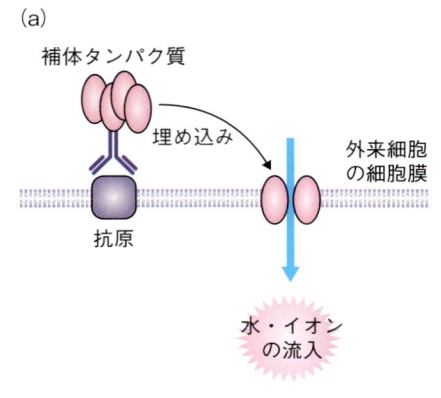

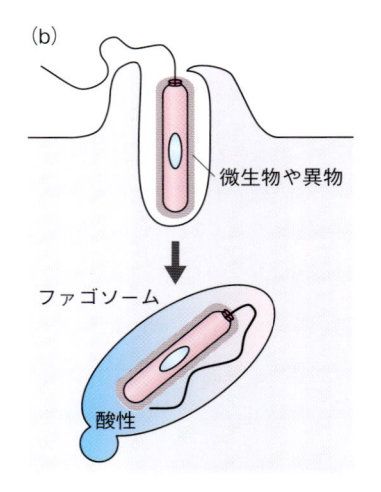

図 12·8　自然免疫による外来細胞への攻撃
（a）補体による破壊　（b）食作用

（NK 細胞），マクロファージ，樹状細胞などがそのプレイヤーとなる。これらの細胞の役割は，侵入してきた細胞に穴をあけたり，細胞そのものをエンドサイトーシス（➡ 9·5 節）によって細胞内に取り込み，最終的には殺してしまうことである。こういった働きは，後述する獲得免疫とは異なり無差別に起こる。

また，皮膚が傷ついたとき赤く腫れるが，これも，傷に近いところに血液を集め，後述する免疫細胞のアクセスをよくするためである。痛みや発熱を含め，このような生体反応は一般に炎症とよばれ，サイトカインとよばれるタンパク質，あるいはヒスタミンなどの化学物質の働きによって活性化される。

③3つ目が，T 細胞，B 細胞が登場する**獲得免疫**である（**図 12·9**）。「獲得」といわれる根拠は，2回目の感染時，1回目の感染のことが記憶されていて（つまり獲得），1回目と対応が異なることに由来する。T 細胞が担う**細胞性免疫**，B 細胞が担う**体液性免疫**については，高校生物基礎でも詳しく学習しているので，**図 12·9** に概要を掲載するにとどめる。その上で，少し発展的な内容について以下で説明する。

12
章

内部環境の維持機構

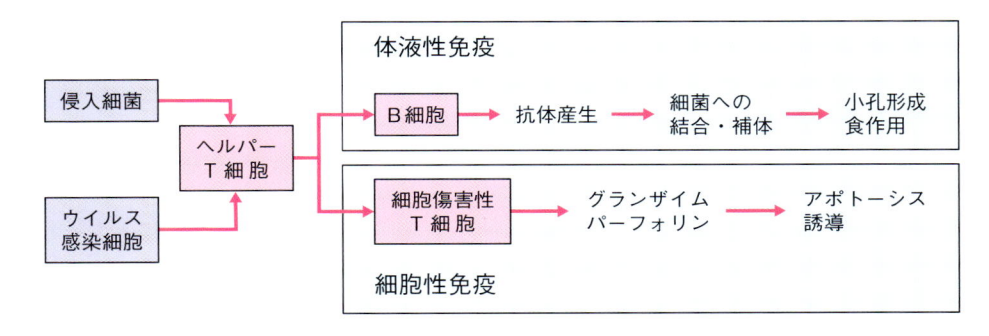

図 12·9　獲得免疫の概要

12·6·1　抗原提示による
T 細胞の活性化

外部から侵入してきた細菌は，食作用によって分解される（➡ 9·5 節）。このとき，分解産物の一部は**MHC（主要組織適合遺伝子複合体）**という膜タンパク質と結合した形で細胞膜の外に出る。さしずめ，細菌のかけらを差し出して他の細胞に示すような振る舞いなので，これを**抗**

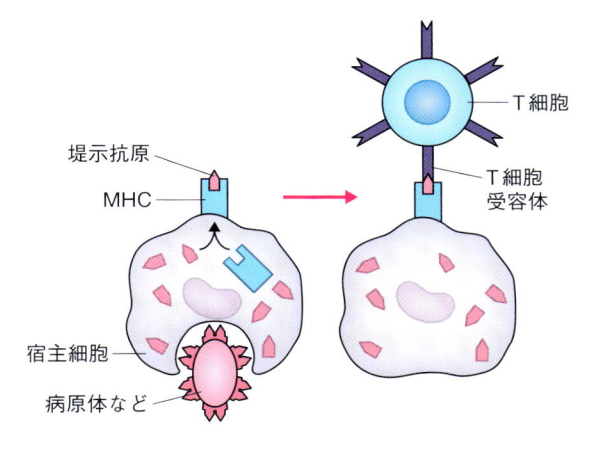

図 12·10　MHC と T 細胞受容体

原提示とよぶ。抗原提示ができるのは，樹状細胞やマクロファージなどである。
提示された抗原は，T 細胞が認識する。T 細胞には **T 細胞受容体（TCR）**があり，
これと提示された抗原が相互作用し，T 細胞が活性化される（図 12·10）。

12·6·2　自己と非自己の認識

　TCR は，抗原が結合していない MHC には反応しない。ところが，これは自
分の細胞の場合である。実は，MHC は個体ごとの違いが大きいため，他の個体
の細胞がもつ違う MHC に対しては，あたかも抗原提示しているのと同じように
見なしてしまい，T 細胞が活性化してしまう。移植治療を行うときの免疫拒絶は，
このことに起因している。

　MHC にはクラス 1 分子とクラス 2 分子があり，クラス 1 分子はほとんどの細
胞に存在する。そのため，自己・非自己に関わるのはクラス 1 分子である。一方，
クラス 2 分子は免疫細胞など，限られた細胞だけに存在する。MHC が個体ごと
に異なる理由は，MHC 分子を構成するサブユニットをコードする遺伝子の多型
（個体ごとの DNA 配列の違い）に由来する（図 12·11）。

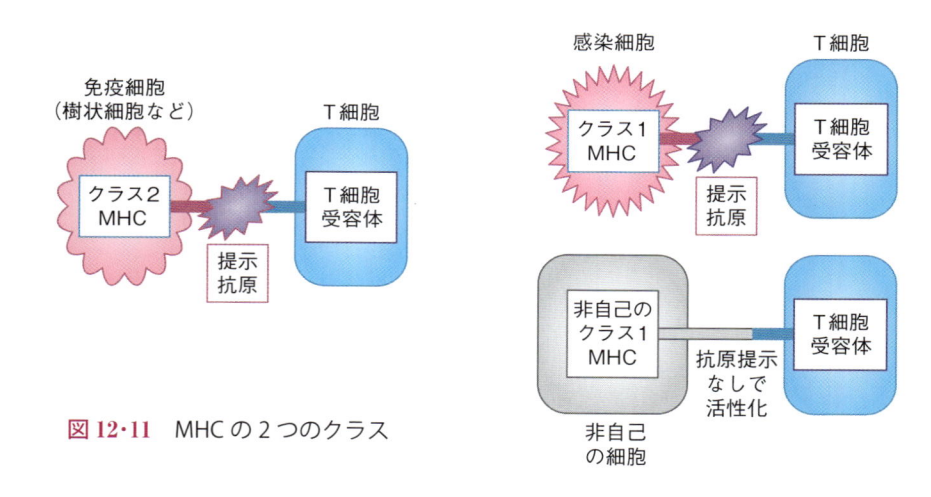

図 12·11　MHC の 2 つのクラス

12·6·3　細胞傷害性 T 細胞が標的を壊す仕組み

　活性化されたヘルパー T 細胞は，**細胞傷害性 T 細胞**を活性化して標的となる
細菌などを壊すことに働く。それでは，実際にはどのような仕組みで細胞を壊
すのだろうか。

　細胞傷害性 T 細胞はまず，**パーフォリン**というタンパク質を標的に作用させ
る。これは細胞に「穴」をあけることに必要なタンパク質で，続いて**グランザ
イム**というタンパク質が，その穴を通して標的細胞に注入される。すると，標
的細胞には**アポトーシス**（**プログラム細胞死**の 1 つで DNA の分解を伴う）が誘

細胞傷害性
T細胞

補助タンパク質
（CD8）

クラスⅠMHC
分子

感染細胞

抗原受容体

パーフォリン

穴

抗原断片

解放された
傷害性T細胞

グランザイム

死滅中の感染細胞

図 12・12　細胞傷害性 T 細胞の働き

導されて細胞が死滅する（図 12・12）。この仕組みは，自然免疫で NK 細胞が標的を壊すときにも使われている。

12・6・4　抗体（免疫グロブリン）の多様性

抗体が関わる体液性免疫についていくつか説明する。抗体はさまざまな外来物質に対して反応する必要があるが，抗原抗体反応で知られるように，1種類の抗体は1種類の抗原だけに反応する。そのため，さまざまな種類の抗体（今まで出会ったことのない抗原に対するものも含む）が準備されている必要がある。この多様性は，B細胞の中で，免疫グロブリン遺伝子が組換えを起こすことによって生み出される（図 12・13）。

　例えば，免疫グロブリンの重鎖に対応する遺伝子は，いくつかの遺伝子断片を含んでいて，その中からいくつかが選び出されてつくられる。つまり，選び出す断片の組み合わせの数だけ多様性が生み出される。ヒトの場合では，重鎖と軽鎖の組み合わせの合計は 1000 万種類を超えるといわれており，きわめて多くの抗原に対応することが可能になっている。

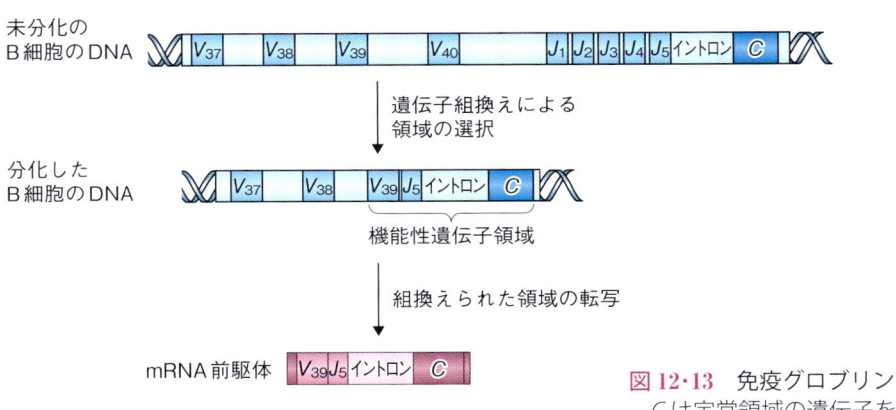

未分化の
B細胞のDNA

V_{37} V_{38} V_{39} V_{40} J_1 J_2 J_3 J_4 J_5 イントロン C

遺伝子組換えによる
領域の選択

分化した
B細胞のDNA

V_{37} V_{38} V_{39} J_5 イントロン C

機能性遺伝子領域

組換えられた領域の転写

mRNA前駆体　V_{39} J_5 イントロン C

図 12・13　免疫グロブリン
C は定常領域の遺伝子を示す

12·6·5　B 細胞が標的を壊す仕組み

免疫グロブリンは，分泌型に加え膜に結合するタイプがある（可変領域は同じ）。**ナイーブ B 細胞**（初めて抗原に反応する B 細胞）も**記憶 B 細胞**も，この膜結合型の抗体によって細胞外の抗原を認識する。その結果，B 細胞は増殖して多くの**プラズマ細胞**を生み出し，それぞれが抗体を産生する。

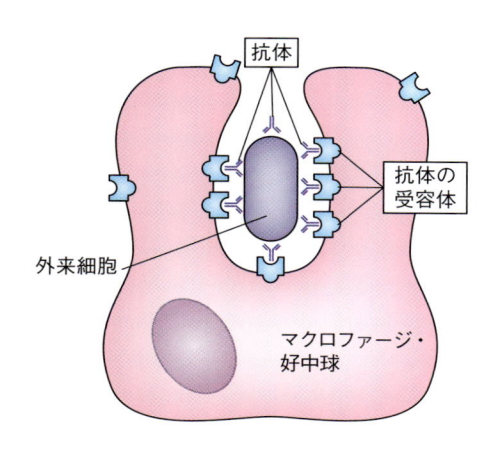

図 12·14　抗体のマーキングと食作用

つくり出された（分泌型）抗体は，抗原，例えば外から侵入してきた細菌に結合する。ここのポイントは，抗体自身は細菌を「殺す」のではなく，あくまで目印だけの役割を果たすという点である。実際に抗原を分解するのは**好中球**や**マクロファージ**で，これらは抗原にくっついた抗体を認識し，細胞の中に取り込んで食作用で抗原を分解する（図 12·14）。

12·6·6　アレルギー

花粉症などは，肥満細胞（マスト細胞）が関係している。肥満細胞の細胞膜上にある IgE（免疫グロブリンの 1 つのタイプ）が抗原（例えば花粉）と反応すると，細胞内にある小胞から**ヒスタミン**が分泌されて細胞外に放出される。ヒスタミンは血管拡張や血管の透過性を上げる作用があるため，炎症が促される。

花粉症にかぎらず，**アレルギー反応**は免疫細胞の過剰な反応によって引き起こされる（図 12·15）。

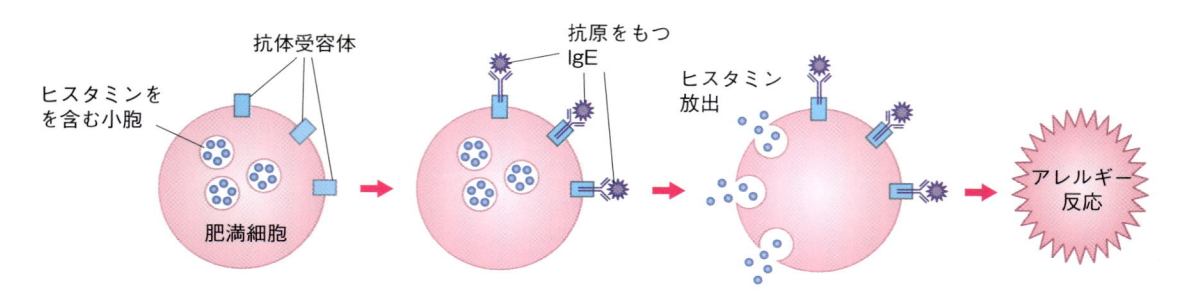

図 12·15　アレルギーとヒスタミン放出

12 章の練習問題

問 1 動物では，体温を維持するためにどのような工夫がなされているか。具体例を挙げて説明せよ。

問 2 血糖値調節について，以下の問いに答えよ。

(a) 血糖値が下がると，ホルモンによって血糖値が上がるように反応する。血糖値を上げるように作用するホルモンを 3 種類挙げよ。

(b) 逆に，血糖値が上がったときに血糖値を下げる作用のあるホルモンとして知られているのはインスリンだけである。血糖値を上げるホルモンの種類の方が多い理由を答えよ。

問 3 免疫について，以下の問いに答えよ。

(a) MHC（主要組織適合遺伝子複合体）の役割について，簡単に説明せよ。

(b) さまざまな抗原に反応できるよう，抗体の多様性を生み出すための仕組みはどのようなものか，説明せよ。

13章 動物・植物の生殖と発生
― 生物はどのようにつくられるか ―

　私たちのからだは，ごく簡単なかたちの受精卵から出発する。まず，卵や精子がどのようにしてつくられ，そして融合するかという生殖の仕組みがあり，そして発生では，さまざまな遺伝子・タンパク質が協調的に働き，さらには細胞，そして組織が形を変え，機能を獲得することで，複雑な構造をもつ成体へと成長していく。

　生殖・発生の仕組みは，近年高校の生物基礎では取り扱われなくなった。一方で，再生医療や創薬のように，発生学の知見が社会に還元・利用される局面はどんどん増えている。この章では，こういった世の中への応用ということも考えながら生殖・発生の基本を学んでほしい。また，動物だけでなく植物の発生・個体構築の仕組みについても触れる。両者の違いについても考えを巡らせてほしい。

> 　動物・植物の発生については，生物基礎では扱われていない。中学理科ではカエルの発生などについて学習しているであろうが，改めてこの章で概要を理解してほしい。

13・1　動物の生殖

13・1・1　無性生殖と卵・精子形成

　動物が種を維持するために行う生殖には，**有性生殖**と**無性生殖**の2つの方法がある。無性生殖は，精子と卵の接合をしないで個体を増殖させる方法で，**出芽**や**分裂**が一般的である。一方，有性生殖は精子と卵が接合することによって個体を増やす方法である。注意しなければいけないのは，種によっては有性生殖・無性生殖の両方を行うものがあるということである（クラゲなどが挙げられる（図13・1））。

　また，有性生殖を行う種の中にも，ミミズやカタツムリのように1つの個体

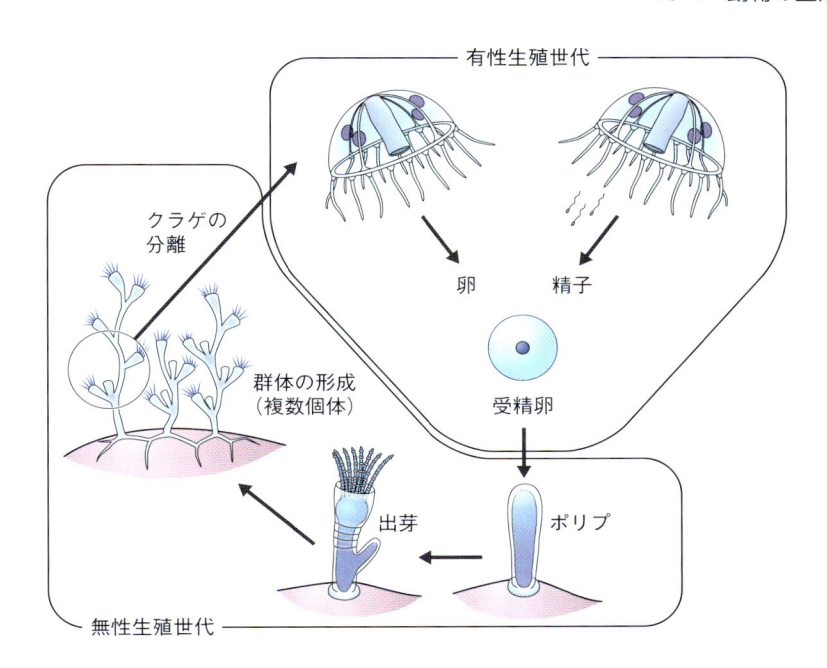

有性生殖世代

クラゲの分離

群体の形成
(複数個体)

卵　精子

受精卵

出芽　ポリプ

無性生殖世代

図 13・1　有性生殖と
無性生殖：オベリア
クラゲの例

13章
動物・植物の生殖と発生

　が雄雌両方の生殖系をもつ（雌雄同体）もの，さらには，クマノミ（魚類）の
ように環境に応じて雌から雄へと性を転換するものもある。

　さて，多くの動物は（植物もであるが）有性生殖を行うが，その中心的な役
割を果たすのが**卵**と**精子**である（**図 13・2**）。これらは成体がもつ生殖器官によっ
てつくられる。卵は**卵原細胞**よりつくり出される。卵原細胞は有糸分裂を行っ
た後，**一次卵母細胞**となる。一次卵母細胞は減数分裂（➡ 8・1 節）によって卵
を形成するが，卵になるのは4つではなく1つで，残りの細胞は**極体**として放
出される。ヒトの場合，有糸分裂を行った卵原細胞は第一減数分裂の前期で分
裂を停止し，ひとまず卵巣内に保持される。思春期が始まると，そのうちの1
つだけが選び出されて減数分裂が再び始まり，第二減数分裂の中期で再び分裂
をとめ，卵巣内から出て（排卵）子宮に送られることを周期的に行う。卵巣の
中には卵だけではなく，補助細胞といった，卵の成熟を助ける細胞なども存在
している。

　精子もまた，**精原細胞**からつくられる。卵と違うのは，**一次精母細胞**から減
数分裂によって生み出された細胞はすべて**精細胞**になる点である。精原細胞は
精巣でつくられる。ヒトでは，精巣内部の精細管の表面側にある未熟な精原細
胞が，成熟するとともに内腔側に移動し，内腔に放出され，精巣上体に集められ，
精子は自由に遊泳できるようになる。

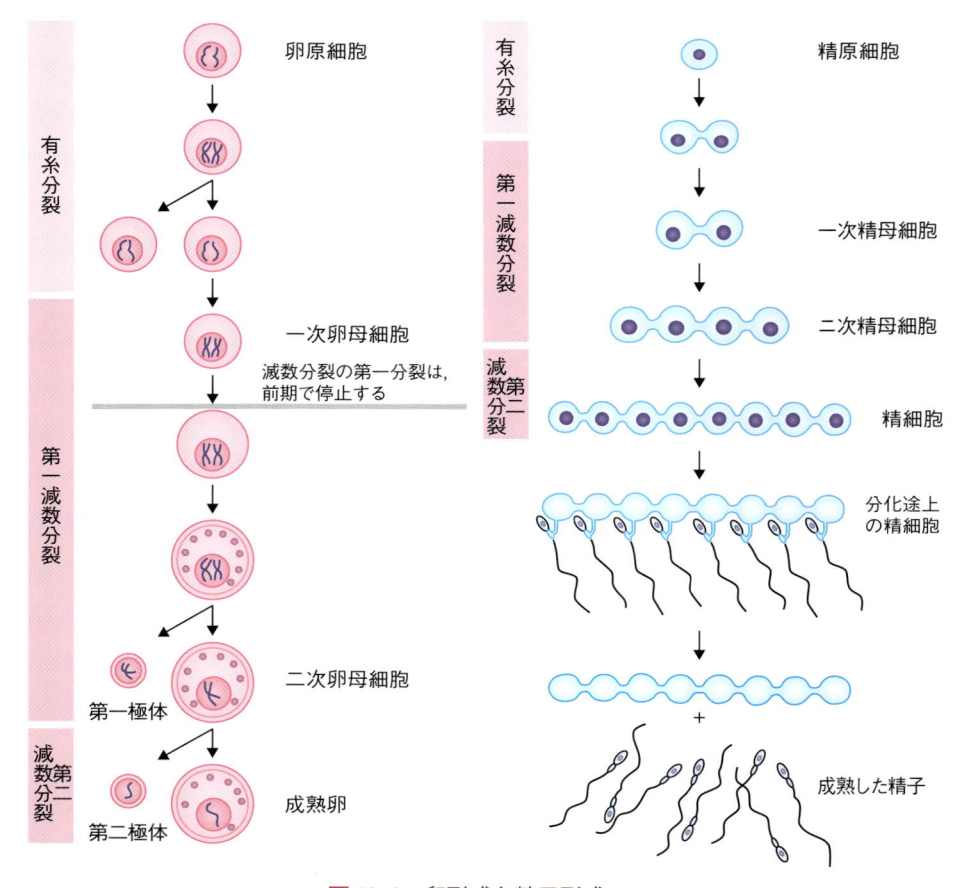

図 **13·2**　卵形成と精子形成

13·1·2　受　精

　成熟した卵と精子が融合する現象が**受精**であるが，受精は両者がただ融合するだけでなく，その過程でさまざまなことが引き起こされる。ここではウニを例に挙げ，受精の概略を**図 13·3** に示す。精子の先端には，ゴルジ体から分化した**先体**がある。精子がゼリー層を通過して卵膜（卵黄膜）に到達すると，先体から加水分解酵素が放出され，卵膜を分解する。続いて卵細胞膜と精子が融合し，精子核が卵内に進入する。この一連の反応を**先体反応**とよぶ。なお，この過程はヒトを含む哺乳類でも大きくは違わない。

　卵の表層部には，**表層顆粒**という粒がある。この粒の中にはプロテアーゼなどが入っている。先体反応を受けると，表層顆粒が崩壊して内容物が卵細胞外に放出される。すると，卵膜と卵細胞膜の癒着がとれて両者の間にすき間ができる。また，卵膜が硬くなる。これは一般に**受精膜**とよばれる。この一連の反応のあと，染色体は接合へと向かう。先体反応が起こると Ca^{2+} イオンの濃度が

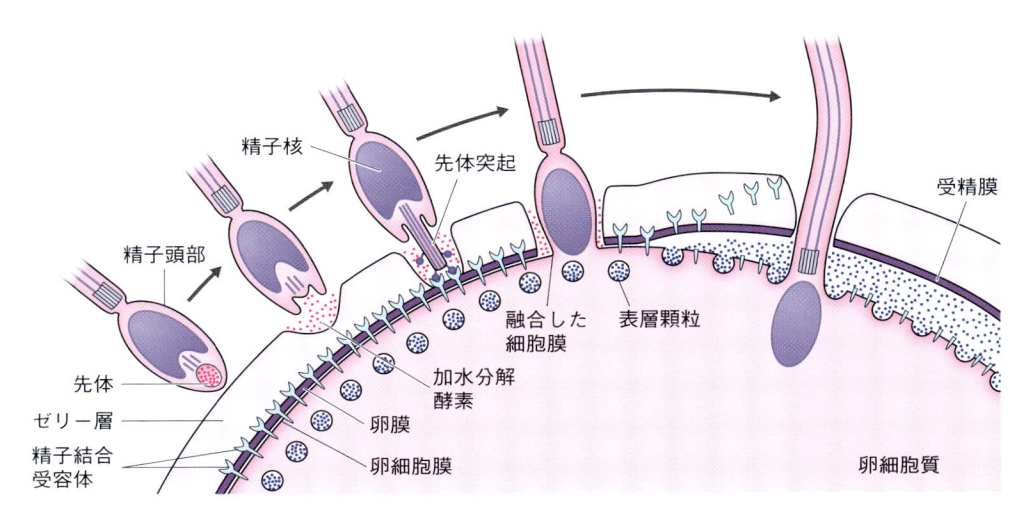

図 13·3　受精の概略

卵内で上がり，卵の活性化が起こる。その1つとして，精子核は卵内で**雄性前核**となり，受精後20分ほどで，卵由来の**雌性前核**と融合する。

　卵のまわりに精子がたくさんあり，それぞれが先体反応を起こすとどうなるだろう。卵内に多くの精核が進入し，精子由来の染色体が何コピーも卵に存在することになる。これではその後の接合がうまくいかない。そのため，卵には**多精拒否機構**とよばれる，たくさんの精子が卵に進入すること（多精）を防ぐ仕組みが複数ある。

　1つは，先ほど述べた受精膜の形成である。精子が進入するとき，卵膜と卵細胞膜は近いところにあるため，精子は卵膜を通過して卵細胞膜と融合し卵内に入ることができるが，受精膜と卵細胞膜にすき間があると，精子の頭部は受精膜に阻まれて卵細胞膜まで到達することができない。つまり，受精膜ができたあとは，他の精子（の精核）が卵内に入ることができない。これが多精拒否機構の1つである。

　しかし，受精膜がつくられるまでには数十秒ほどの時間がかかるため，卵の近くに精子がたくさんいると，完全には多精を防ぐことはできない。実は精子と卵が融合した直後，卵細胞膜の膜電位が一時的に上昇し，他の精子の接触を電荷的に防ぐ仕組みがある。これは，精子の進入を完全には防げないが，反応がきわめて速い（数秒以内に起こる）。これら2つの多精拒否機構によって，1つの卵に複数の精子が進入することを防いでいる。

　また，なぜ同種の精子と卵だけが接合できるのだろうかという疑問もわく。それは，精子がもつあるタンパク質と，卵のもつ受容体（精子結合受容体）と

の組み合わせによる。この組み合わせが違うと，精子の頭部が卵細胞に結合することができないのである。

13·2　動物の初期発生

13·2·1　発生の概要

単純な形をした卵が，複雑な形の成体をつくり上げることができるのはなぜだろうか。私たちがミニチュアモデルなどをつくるときのことを考えてみると，方法は主に2通りあるのではないだろうか。1つは完成しているパーツを組み立てて全体をつくり上げる「プラモデル」，もう1つは「彫像」で，初めはおおまかに形を整え，その後細部をつくり上げていく方法である。胚発生では，後者の方法，つまり彫像法がとられる* 13-1。

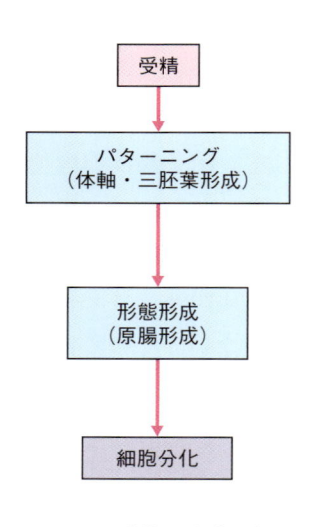

図 **13·4**　動物の発生の概要

まず，動物の発生の概要を示す（**図 13·4**）。受精卵はたった1つの細胞だが，多細胞生物のからだをつくるためには，細胞数をある程度の数まで増やす必要がある。そのあと卵をいくつかの場所に分け，胚のどの部分が将来成体のどこになるかを指定する。この指定の方法は一般にタンパク質の局在であるが，タンパク質のあるなしだけで私たちのような複雑なからだの位置情報（どこに神経を位置させ，どこに毛細血管を走らせるか，といったこと）をすべて決めることは不可能である。動物がとる戦略は，同じ種類の細胞の集団をつくり，その後それぞれの細胞を移動させることで再配置する，というものである。この過程が**形態形成**である。そして，大まかに細胞の配置が決まったところで，それぞれの細胞に機能を付与したり，細胞の数を必要に応じてさらに増やしたりして，さらに複雑な形を構築していく。これが**細胞分化**である。また，さらなる器官のつくり込みが起こる。動物種によっては，成体になる前に劇的にからだの形や構造を変化させる，**変態**という過程を経るものもいる。

次に，動物の初期発生をもう少し詳しく見ていく。発生の研究はいくつかの「モデル生物」を用いて進められ，その仕組みが明らかになっていった。以下では，その中から主にショウジョウバエとカエルを例に挙げて説明していきたい。

───────────────

* 13-1　もちろん，粘土細工のようなものを想像してもらってもよい。

13・2・2　卵　割

　受精卵は，まず細胞の数を増やすことに集中する。胚の細胞分裂を特に**卵割**という。卵割の形式は動物によってさまざまで，同じ大きさに卵を分割する動物種もあれば，一部だけが細胞分裂を繰り返す動物種もある。

　さらには，最初は核の数だけを増やすが細胞膜で区切らない，という方法もある（ハエはこの方法）。この方法のメリットは，核のまわりで翻訳されたタンパク質が，細胞膜を通らずに他の核にアクセスできる点である。細胞の数を増やしながらも（といっても細胞という区画には区切られていないが）すみやかに細胞単位の個性をつくり上げる工夫といえよう。

13・2・3　体軸形成と三胚葉形成

　発生ではまず，卵のどちら側が頭になり尾になるか，どちら側が背になり腹になるかということ，つまり**体軸**の決定が重要なステップとなる。体軸は，いくつかのタンパク質またはmRNAが，卵内で偏って分布することによって決められる。例えばショウジョウバエでは，受精前の卵の中でbicoid（ビコイド）タンパク質が段階的に偏って分布しており（濃度勾配という），濃度の高い方が頭の方向になる。別のタンパク質であるnanos（ナノス）も濃度勾配をつくっているが，bicoidの濃度勾配とは逆になっていて，濃度の高い方が尾の方向になる（**図13・5a**）。つまり，bicoidとnanosがハエの前後軸を決める要因であると

13章

動物・植物の生殖と発生

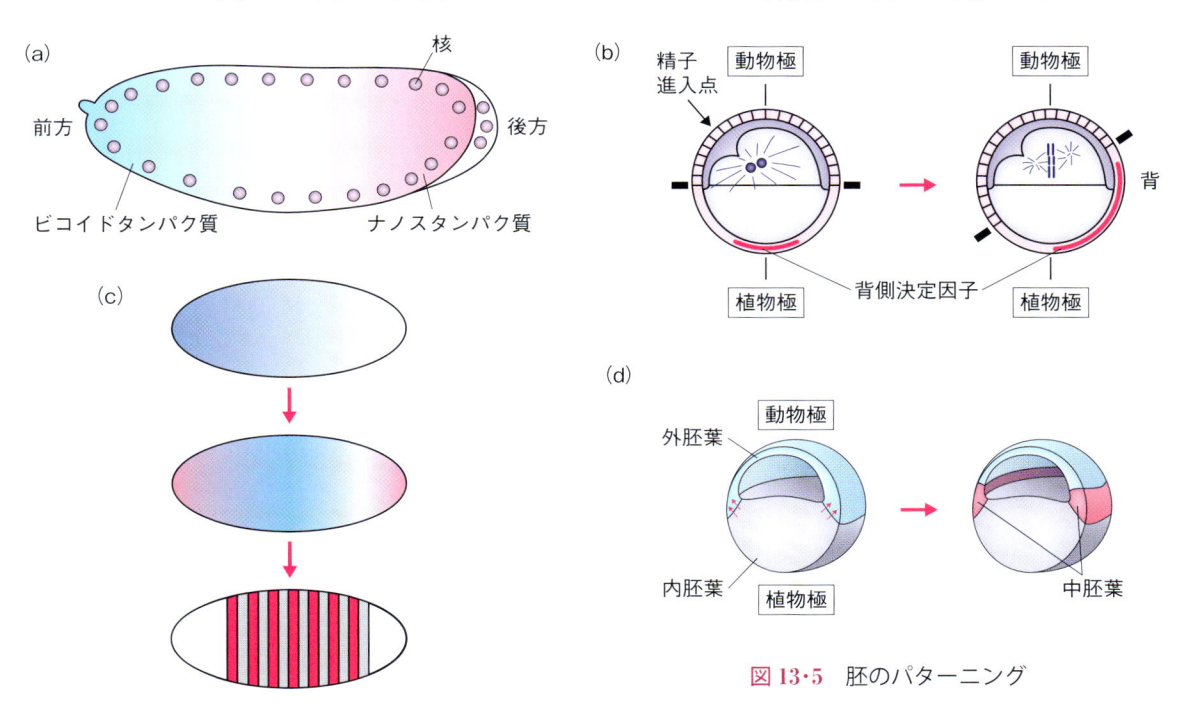

図 **13・5**　胚のパターニング

いえる。このような，濃度勾配を形成して胚のパターンを決める分子のことを**モルフォゲン**とよぶ。

　一方カエルでは，受精時の**精子の進入点**が背腹を決める目印となり，最初に背腹軸が決められる。ある仕組みによって（理由は省略）βカテニンというタンパク質が，卵において精子進入点とは逆側に多く存在するようになり，必要な遺伝子の転写を促進することで，胚の背側はどちら側であるか，ということが決められる（**図 13·5b**）。

　ショウジョウバエでは体軸が決められたあと，**体節**（segment）がつくられる。この領域分けは，bicoid や nanos の濃度勾配に従って別の遺伝子がそれぞれ違う場所で発現することで，まずおおざっぱに行われる。さらにこの情報，すなわちいくつかのタンパク質があるかないか，ということに従って別の遺伝子が発現し，結果的に 14 本の帯状の遺伝子発現を生み出す（**図 13·5c**）。重要なのは，遺伝子発現が時間経過とともに段階的に起こり，胚の領域が徐々に細分化されていくということである。

　一方，カエルでは（少なくとも最初の段階では），初期胚はハエの体節のように明確に区分されない。そのかわり，**誘導**とよばれる，領域の相互作用で新しい領域をつくり出すという，少し複雑なことが起こる。三胚葉の形成も誘導が関係する。内胚葉・中胚葉・外胚葉からなる三胚葉のうち，内胚葉と外胚葉がつくられることは受精卵の段階ですでにある程度決められているが，中胚葉は内胚葉と外胚葉が接触することによって新たにつくり出される（**図 13·5d**）。これを**中胚葉誘導**といい，カエルの胚で最初に起こる大きな「誘導現象」といえる。

　中胚葉はさらに背側部分と腹側部分で少し性質を異にしている。背側の中胚葉領域は，**オーガナイザー**とよばれる領域を含む。オーガナイザーはそれ自身が脊索に分化するだけでなく，周辺の組織に働きかけて，どのような組織に分化するかを指定する。同時に，このとき胚では**原腸形成**が起こる。原腸は，単なる腸の原型ではなく，中胚葉が外胚葉を裏打ちするように潜り込むことによって，正中線に沿って中胚葉と外胚葉が接触する状態がつくられる（**図 13·6**）。この接触が生じた外胚葉に神経が誘導される。また，潜り込んだ中胚葉は時期によって性質が少し異なっており，最

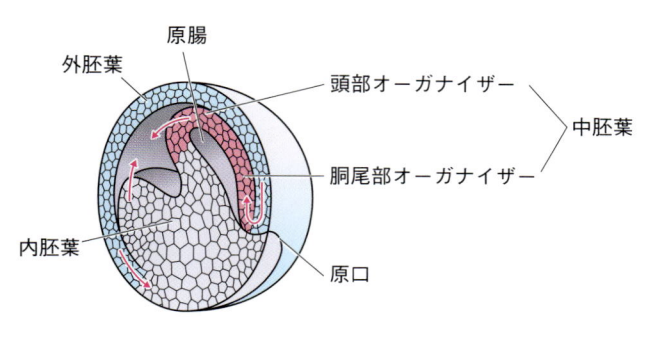

図 13·6　カエルの原腸形成

初に潜り込んだ中胚葉（頭部オーガナイザー）は脳など，後から潜り込んだ中胚葉（胴尾部オーガナイザー）は脊髄神経をそれぞれ誘導する。

　ショウジョウバエでは，胚が体節に区切られたあと，それぞれの体節の特徴付けがなされていく（**図 13・7**）。この特徴付けに必要な遺伝子として知られるのが**ホメオティック遺伝子**である。ホメオティック遺伝子は，もともとショウジョウバエにおいて，器官の形成に大きな影響を与えるような突然変異（**ホメオティック変異**という。翅を 2 対もつバイソラックス変異や触角が肢になるアンテナペディア変異が有名）の原因となる遺伝子として同定された。ホメオティック遺伝子は一群の転写因子で（**図 13・7 中段**），細胞や組織の特徴付けに必要な他の遺伝子を発現させる。

　ホメオティック遺伝子は染色体上に並んで位置しているが，面白いことに，ホメオティック遺伝子が発現している（頭から尾にかけた）体節の並びは，染色体上の並びの順番とおおむね一致している。なお，ホメオティック遺伝子はハエだけではなく脊椎動物を含む多くの動物にも存在する（総称して **Hox 遺伝子**とよばれる）。脊椎動物の場合は体節がないが，前後軸に沿ったからだの特徴付けのために必要な遺伝子の転写を活性化するという点で，働きは似ている。Hox 遺伝子もまた染色体上で並んで存在していて，各遺伝子の並ぶ順番はハエのものと同じであるが，ハエと異なりこの並びは 4 つ存在する（**図 13・7 中段**）。

線虫と発生学研究

　線虫は約 1000 個の細胞から成り立っているが，そのすべての細胞系譜が決められており，胚のどの割球がどの細胞になるのかをきちんと追跡することができる。また，ゲノムもすべて解読されているので，発生の仕組みを細胞の単位で正確に調べることができる。そのことから，線虫を用いた研究も発生の仕組みの解明に大きく貢献している。

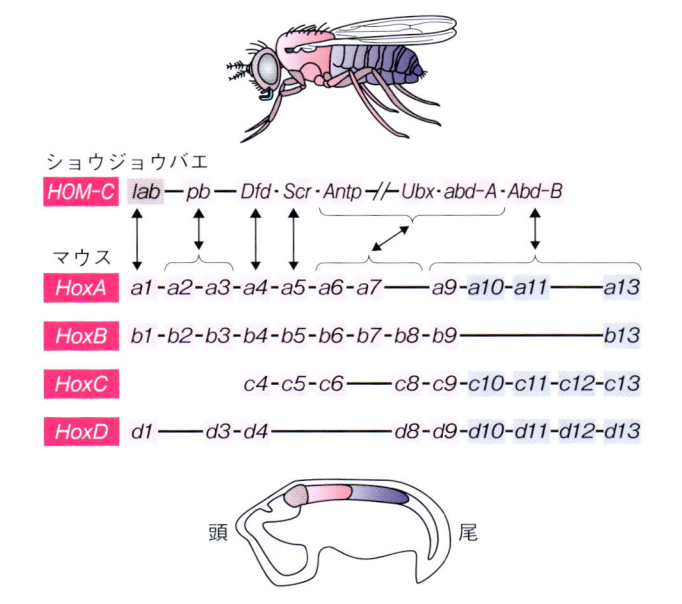

図 13・7　ホメオティック遺伝子

13·2·4　形態形成

　胚の向きやおおまかな区分は，胚内のタンパク質の偏りによってだいたい決められる。しかし，私たちのからだはとても複雑で，それを限られた種類のタンパク質の濃淡のみでつくり上げるのは非常に難しい。そこで生物は，細胞の配置を変更することによって，パターニングではつくり出すことのできなかった，複雑な形態をつくり出す。これが，13·2·1 項で述べた**形態形成**である。形態形成にはいくつかの種類がある（**図 13·8a**）。例えば，細胞が平面上に並んだシート状の細胞を考えたとき，くぼみができる**陥入**（図 6·9b も参照），互いの細胞が互い違いに入り込むことを通して細胞群の形状が細長くなる**収束伸長**，細胞がシートから垂直方向に脱離する移動，個々の細胞の**扁平化**などさまざまである。

　前項で出てきたカエル胚の原腸形成は，さまざまな種類の細胞運動を含む点で，形態形成を説明する非常に良い例となる（**図 13·8b**）。前述したように，まず背側の植物極寄りの表面にくぼみが生じ，つづいてその部分が中に潜り込んで原腸形成が起こる。くぼみの形成は陥入であり，中胚葉の伸展は収束伸長によって生じる。また，外胚葉は胚全体を包み込むが，その形態変化は細胞の扁平化によって実現している（この動きは**覆い被せ**，あるいは**エピボリー**とよばれる）。形態形成を引き起こす上では，細胞骨格，とくにアクチン繊維が重要な役割を果たす（➡ **6·2 節**）。例えば陥入の場合，細胞の表面にあるアクチン繊維が収縮することで，細胞は台形のようになるが，それぞれの細胞が接着しているため，細胞群全体にかかる力を緩和するためくぼみが生じる。また収束伸長は，細胞が仮足を形成しアメーバ運動を起こすことで行われる（➡ **6·7 節**）。

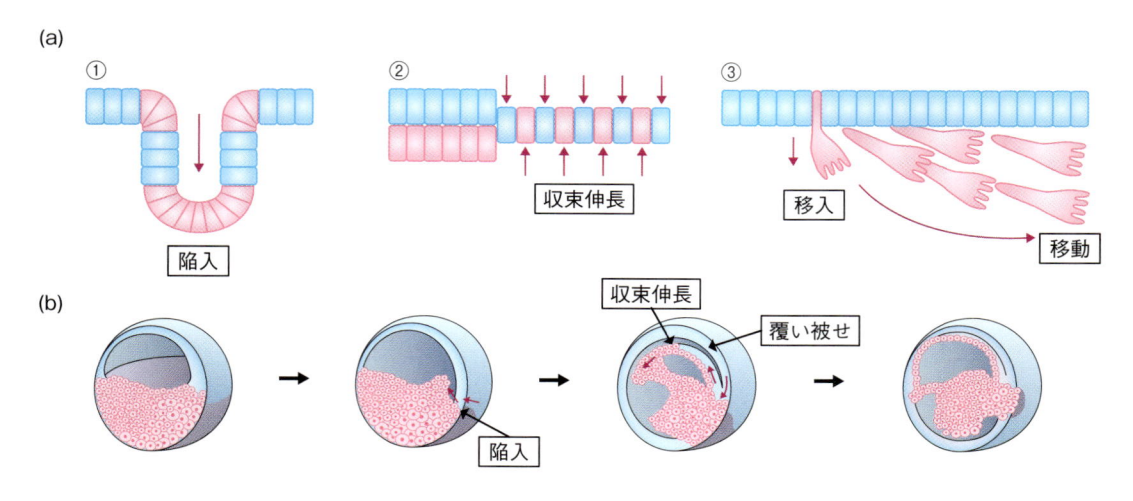

図 **13·8**　形態形成

13・2・5　細胞分化

パターニングによって胚の予定運命を大まかにきめ，形態形成によって胚や組織の形状を複雑に変化させた後は，いよいよ個々の細胞の**分化**（**細胞分化**）を進める。分化は，細胞の運命に従ってそれぞれの役割を果たすために準備を行う過程である。例えば，骨格筋細胞はアクチン・ミオシンからなるファイバーを形成する必要があるし，ホルモン分泌細胞はホルモンを産生する必要がある。

このように，個々の細胞が役割に応じて分化を進めるためには，特異的な遺伝子を発現させることが必要である。からだを構成する細胞は全部同じ遺伝情報をもっているので，細胞ごとに違う遺伝子を発現させるためには個々の遺伝子の転写調節機構が必要となる。この仕組みについては10章ですでに説明済みであるが，改めて簡単に説明する。ある1つの転写因子があると，決められた遺伝子の転写だけが活性化されるが，残りの多くの遺伝子の転写は起こらない。つまりこの転写因子は，次に転写する遺伝子のセットを決めていることになる。別の観点では，この転写因子は細胞によってあったりなかったりするので，細胞によってこの遺伝子セットは転写されたりされなかったりする。まとめると，①どの転写因子があるか，②それぞれの転写因子がどの遺伝子セットを活性化するか，という2つの要素によって，多細胞生物は異なる種類の細胞をつくり出せる，というわけである（図13・9）。

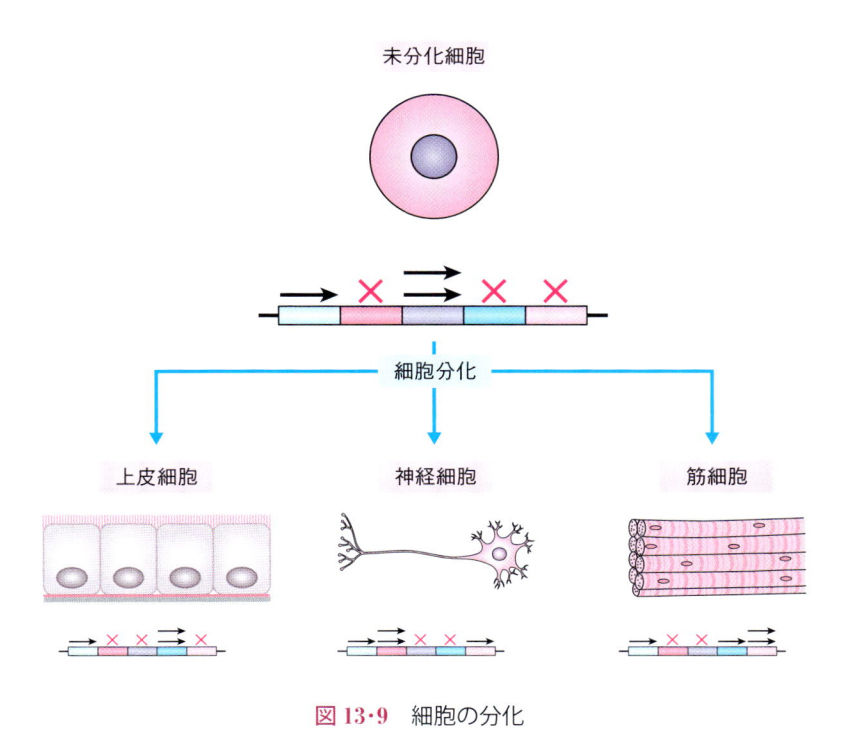

図 13・9　細胞の分化

　こうして細胞1つの受精卵から発生が進み，さまざまな種類の細胞を有する動物個体が形成される。近年，このような発生の仕組みを利用し，医療などさまざまな社会生活に利用することが行われている。その1つが，**胚性幹細胞（ES細胞）**や，**人工多能性幹細胞（iPS細胞），組織幹細胞**を用いた，器官・臓器の試験管内分化と臓器再生である。詳しい内容はコラムに譲るが，未分化な状態の幹細胞にさまざまな薬剤を作用させ，必要な遺伝子セットの転写を促進させることで臓器分化を進める。もうおわかりのように，その遺伝子セットとは，まさに発生において胚が器官をつくるために駆動させる遺伝子と同じである。

再生医療と幹細胞

　病気にもいろいろ種類がある。薬で治療できるものもあれば，患部を摘出する必要がある場合もある。しかし，摘出してしまった臓器は元どおりに戻らないことが多い。そのため，新たに臓器を移植する必要がある。現在，さまざまな臓器について移植治療が行われているが，提供者（ドナーとよぶ）自体の数が十分でないうえ，免疫のタイプが適合するように選択することが必要とされるため，実際に移植を受けることができない患者が多いのが現状である。そこで期待されているのが，さまざまな組織や臓器を新たに誘導し移植に供する再生医療である。

　そのような組織はどこからつくり出せばいいか。その答えが，さまざまな種類の細胞に分化することができる幹細胞である。幹細胞にもいくつかの種類がある。私たちのからだにも幹細胞（組織幹細胞：成体幹細胞ともいう）が存在し，例えば皮膚の幹細胞は怪我のときに増殖をはじめ，失われた皮膚を再生する。組織幹細胞は，後で述べる ES 細胞や iPS 細胞とは違い，分化できる細胞の種類は限られている。

　一方，受精卵の一部から取り出した細胞を増殖させた胚性幹細胞（embryonic stem cell, ES 細胞）は，ほぼすべての種類の細胞を新たに生み出すことができるため，再生医療の研究に多く用いられてきた。

　胚を壊してつくられた ES 細胞は倫理的問題を考慮する必要があるが，それは京都大学の山中伸弥教授によって人工多能性幹細胞（induced pluripotent stem cell, iPS 細胞）の樹立法が発見されたことにより回避できるようになった。iPS 細胞は，皮膚のようなすでに分化してしまった細胞に，あるいくつかの遺伝子を導入することで，ES 細胞のような多分化能をもつようになった細胞で，胚を壊す必要がない。このような技術の進歩に歩調を合わせて，再生医療の研究は大きく発展することとなった。

　ただ，現状は，望む種類の細胞への分化誘導法に検討の余地が残っているほか，誘導そのものに多額の費用がかかるなど，さらに超えなければいけない問題点が残っている。ちなみに細胞の分化誘導法は，研究者が勝手に編み出しているのではなく，胚発生の分子メカニズムを手本にしてつくられている。

13・2・6　からだの大きなパーツの形成と変態

　胚は発生を進めていくと，さらに大きなボディパーツのつくり込みに入る。例えば四肢形成はその1つである。脊椎動物では**肢芽**とよばれる「ふくらみ」から肢がつくられる。四肢にも胚と同じく方向があり，それはいくつかのタンパク質によって決められる。例えば，肢芽の付け根の後ろ側では**Shh**とよばれるタンパク質が局在し，その情報を元に足の向きが決まる（**図13・10a**）。

　動物によっては，そのあと**変態**，つまり成体になる前にその形を大きく変化させるものがある。変態のメリットの1つは，幼生と成体でそれぞれ適した生息環境に対応する形をもつことで，生存戦略に対して有利に働く点である。例えば昆虫の幼虫は，空を飛ぶより地中を這ってからだに栄養をためる方が有利だろうし，両生類は幼生のころ水中で遊泳した方が有利であるということだろう。無尾両生類は変態時に尾が縮退する。これは，プログラム細胞死，例えば免疫（幼生型と成体型の違い）によって幼生型の細胞（＝尾）が攻撃を受け，細胞死が引き起こされることによると考えられている（**図13・10b**）。

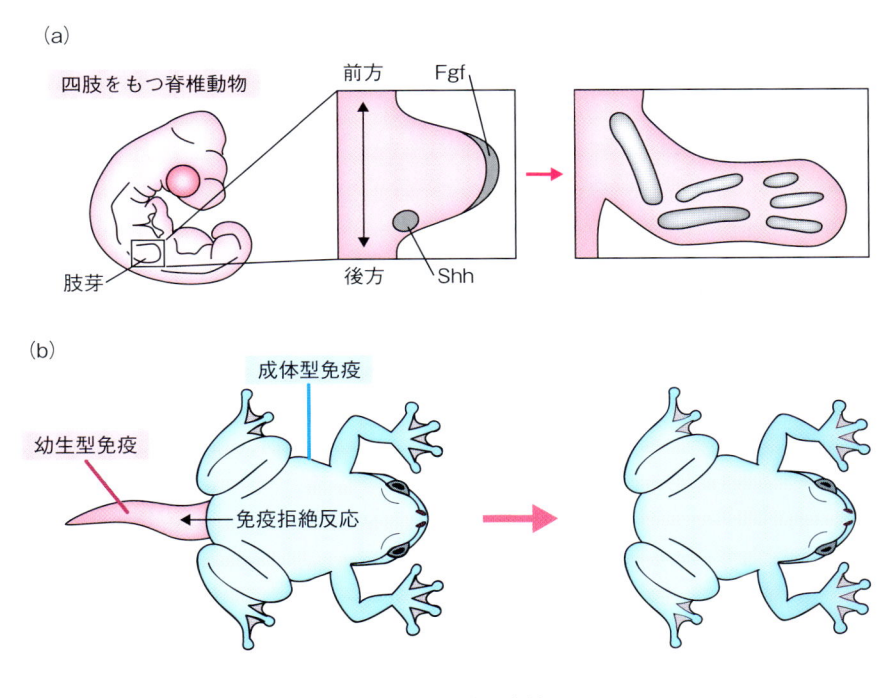

図13・10　四肢形成と変態
Fgfは線維芽細胞増殖因子。

13·3　植物の発生

13·3·1　植物のかたち

植物は根，茎，葉から成り立っていることはよく知っているだろう。茎と葉をあわせた地上部のことは**シュート**とよばれる（**図13·11**）。茎は葉が生える部分とそれ以外の繰り返しで，成長は**頂芽**とよばれる部分で起こる。また，葉が生える部分には**腋芽**が生じ，これが成長して葉（あるいは花など）となる。茎の先には分裂組織（**頂端分裂組織**）があり，ここで細胞数が増えることで茎が伸長する。葉は光合成を行うための重要な器官である。一般には葉身と葉柄から構成され，葉身には**葉脈**（葉のすじ）が見られる。根は**主根**と**側根**から構成され，水に加え無機塩類の取り込みに重要な役割を果たす。根の先にもやはり**分裂組織（根端分裂組織）**があり，細胞数を増やして根の伸長を促進する。

これら3つの器官は，いずれも**維管束系**，**表皮組織系**，そして**基本組織系**から構成される。維管束系は根からシュートに水を運ぶ**道管（木部）**，シュートから

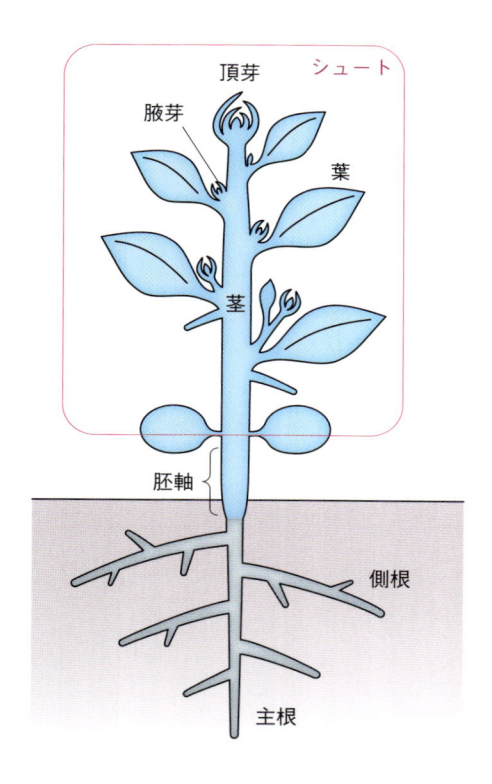

図13·11　植物の形態

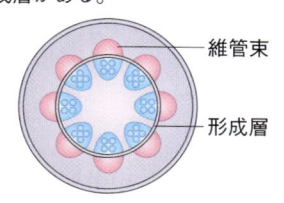

双子葉植物

維管束が環状に配列しており，
形成層がある。

── 維管束

── 形成層

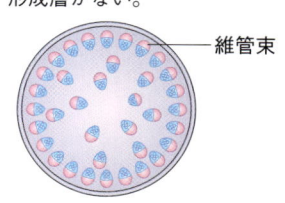

単子葉植物

維管束が散在しており，
形成層がない。

── 維管束

図13·12　双子葉植物と単子葉植物の維管束

全身に物質を輸送する**師管（師部）**を含む。表皮系は字の通り植物体の表面を，そして基本組織系は機械的な植物体の支持に加え，貯蔵や輸送にも関わる。

　これら 3 つの組織系の配置は植物によってさまざまで，例えば双子葉植物の茎において，師部と木部は近接して比較的表面部に存在するが，単子葉植物の茎では維管束が茎全体に均等に配置されている（**図 13·12**）。

13·3·2　ホルモンが織りなすさまざまな環境応答

　植物の成長や環境応答には，植物ホルモンが必要不可欠である。例えば，**オーキシンとサイトカイニン**という 2 つのホルモンは，植物のどの部分を成長させ，逆に成長を抑制するか，ということに関わっている。**ジベレリン**は発芽を促進するホルモンである（**表 13·1**）。以下に重要ないくつかの植物ホルモンについて説明する。

　a. オーキシンは，成長に関係する植物ホルモンで，実はいくつかの物質の総称である（例えば**インドール -3- 酢酸（IAA）**はオーキシンの 1 つである）。オーキシンは植物体の茎頂部（あるいは若い葉）でつくられ，師管の周辺や茎の表層部を通り根の方向に輸送される。逆方向（根→シュート）には輸送されないので，これを**極性輸送**とよぶ。オーキシンは，シュートでは頂芽の伸長を促進する一方で，腋芽の伸長は抑制する。これを**頂芽優性**という。またオーキシンは側根の成長を促進するが，濃度が高すぎるとむしろ抑制的に働く。

　オーキシンと植物体の成長との関係については多くの研究があり，例えば茎の光屈性については，光が当たる場所の逆側にオーキシンが蓄積して細胞の成長が起こり，結果として光が照射される方向に植物体が曲がることが知られている。

表 13·1　植物ホルモン

種類名	物質名	主な作用・役割
オーキシン	インドール酢酸（IAA），2,4-D，NAA など	細胞成長の促進，細胞分裂の活性化，頂芽優勢（腋芽の成長の抑制），発根の誘導，屈性（偏差成長），維管束分化，エチレン生成など
サイトカイニン	イソペンテニルアデニン，ゼアチン，カイネチンなど	細胞分裂の促進，腋芽の成長の促進，不定芽形成の誘導，老化遅延など
ジベレリン	GA_1，GA_3 など	茎の伸長成長の促進，発芽の促進（種子の休眠の打破）など
アブシシン酸	アブシシン酸	種子の成熟と休眠，気孔閉口，水ストレスや低温ストレスに対する応答など
エチレン	エチレン	果実の成熟，落果（離層形成），花や葉の萎凋，茎の伸長抑制と肥大成長など

　b. サイトカイニンは，主に根で合成され，道管を通って地上部に運ばれる。サイトカイニンも成長に対して促進的に働くが，オーキシンと作用点が異なる。例えば，根の伸長については，サイトカイニンは側根伸長に対してむしろ抑制的に働き，またシュート部についてもサイトカイニンは頂芽よりも腋芽の伸長に対して促進的に働く。

　また，カルスからサイトカイニンとオーキシンを使って植物体を再分化させるとき，サイトカイニンの割合が多いとカルスはシュートに分化する（逆にオーキシンが多いと根に分化）。

　c. ジベレリンもまた植物の成長に関係する植物ホルモン群である。ジベレリンは種子の発芽の促進に働く。一方，**アブシシン酸**は休眠ホルモンとよばれ，発芽に抑制的に働く。ジベレリンのもう1つの作用は植物体の縦方向への伸長促進である。このことは，ジベレリンが馬鹿苗病という稲の異常伸長を引き起こす病気の原因物質として発見されたことからもわかる。ちなみに，植物体の肥大化には**エチレン**（化学物質のエチレン（C_2H_4）は植物ホルモンとしても作用する）が関わる。ジベレリンとエチレンによる成長方向の制御は，細胞壁のセルロース繊維の配向変化と関係がある。

13・3・3　花成・開花，受精，発芽

　植物は成長すると，やがて花をつける。これを**花成**とよぶ。いつ花が咲くかについては日照時間が大きく関わっている。これをコントロールする植物ホルモンは**フロリゲン**とよばれる。フロリゲンは葉でつくられ，日長が長くなると安定化されたフロリゲンが師管を通って頂端に運ばれ，開花を誘導する。フロリゲンの正体は長い間不明であったが，近年日本人の研究者によって**FT タンパク質**がフロリゲンの正体であることが明らかになった。

　花の構造がどのようにしてつくられるかについても，近年研究が進んでいる。被子植物では，花の外側から順に，がく，花びら，雄しべ，雌しべがつくられるが，これは **ABC モデル**とよばれる方式で決められている（図 13・13）。それぞれの花器官を同心円の4つの領域にあてはめる。これらの領域は，3つの遺伝子 A, B, C が，A 遺伝子は領域1と2，B 遺伝子は2と3，C 遺伝子は3と4で発現することで決められるというものである。この機構は，A 遺伝子が欠損した個体では，がくがつくられないといった，一連の遺伝子欠損実験から明らかにされた。

　花が咲くと，雄しべに形成された花粉が雌しべの先端（柱頭）に結合し，花粉管を伸ばして**胚嚢**に進入する。胚嚢は大胞子から2回の減数分裂と3回の体

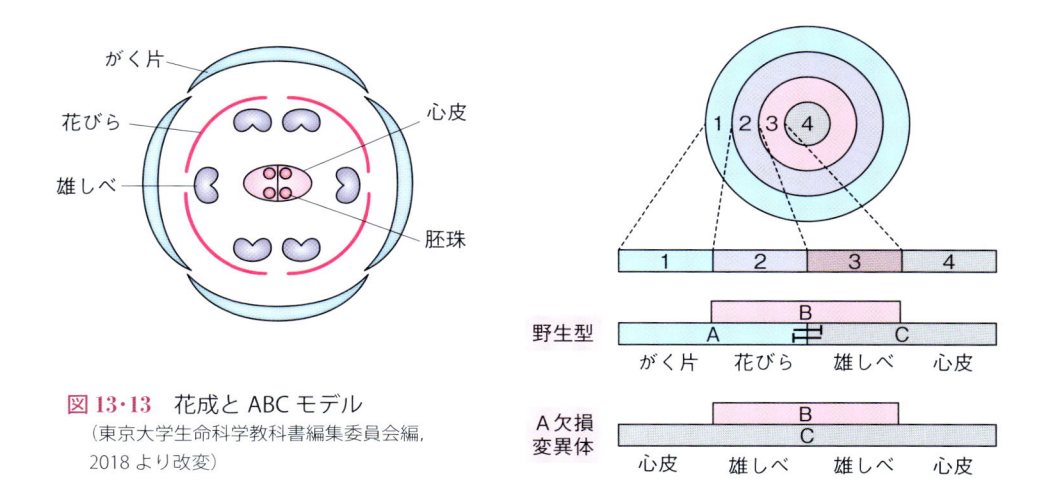

図 13·13　花成と ABC モデル
（東京大学生命科学教科書編集委員会編,
2018 より改変）

細胞分裂によって，1 つの**卵細胞**，2 つの**助細胞**，3 つの**反足細胞**，そして 2 つの極核を含む**中央細胞**が含まれている。

　花粉管の先にある 2 つの**精細胞**のうち，1 つは卵細胞と融合して**胚珠**に，もう 1 つは中央細胞と融合して**胚乳**になる。胚珠は細胞分裂を繰り返して子葉，胚軸，幼根を含む**種子**をつくり出す。種子はアブシジン酸の働きでいったん休眠し，ジベレリンの作用で発芽することは前述の通りである。

13 章の練習問題

問 1　受精の際，卵に複数の精子が進入しないための仕組み（多精拒否機構）が備わっている。本書ではその仕組みを 2 つ紹介した。それぞれについて簡単に説明せよ。

問 2　ショウジョウバエ胚の前後軸はどのようにして決められるか。関与する mRNA・タンパク質の実名を挙げて説明せよ。

問 3　以下の問いに答えよ。
(a) 細胞運動によって細胞の配置を変えることで，パターニングでは難しい複雑なからだの形をつくり出すことを何というか。
(b)（a）の種類はいくつかある。これらのうち，3 つを挙げよ。

問 4　植物の発生について。植物体の横方向への肥大化，縦方向への肥大化には 2 つの別々の植物ホルモンが関わっている。それぞれ何か，答えよ。

13 章

動物・植物の生殖と発生

14章 生物の系統と分類
― 生物はいろいろいる ―

　地球上には多様な生物が生息している。同定されている種は約 100 万種であるが，実際には 1000 万種，あるいはそれ以上の生物種が存在するといわれている。これらはすべてがまったくバラバラであるかというともちろんそうではなく，それぞれに似た点もある。私たちがそのことを秩序立てて理解する上で，生物種の「分類」，すなわちそれぞれの種を定義し，それらを仲間分けすることはとても大事である。また，このような分類を通して，種の多様性が生み出されてきた背景が浮かび上がってくる。

　この章では，生物の系統・分類の概要を説明した上で，それぞれのカテゴリーに属する生物の特徴をごく簡単に説明していく。

　生物は多様であるということは高校で学習するまでもなく知っていることだろう。ただ，系統・分類の内容は，残念ながら生物基礎ではほとんど触れられていない。地球上にはどのような生物がいるのか，そしてそれらはどのように分類することができるのかを理解してほしい。

14·1　生物の分類法

　種を分類する上で大事なことは，その種を定義して記述することである。ある生物個体をみて，「これは何」と判別できないと，そもそも種の違いを議論することは不可能である。種を同定したら命名する必要があるが，この方法として現在は**二名法**で記述されることが多い。18世紀，リンネ（Carl von Linne）によって，ラテン語 2 語を用いて生物の種を指定することが始められた。最初の語で**属名**（後述），後の語で**種小名**を示す。例えばヒト（*Homo sapiens*）の場合は，*Homo* が属名（ヒト属），*sapiens* が種小名，ということになる。

　判別する階層も重要なことである。例えば，ネコ（*Felis catus*）を見せて「こ

れは何ですか?」と尋ね
たとき，多くの人は「ネ
コ」というだろうが，「哺乳
類」という人や，「動物」と
いう人もいるかもしれない
し，研究者なら学名で「*Felis
catus*」と答えるかもしれな
い。どの答えが正しいかと
いうと，これらの答えはす
べて正しい。このように，
生物種を分類する上では，
階層的な考えが重要である。

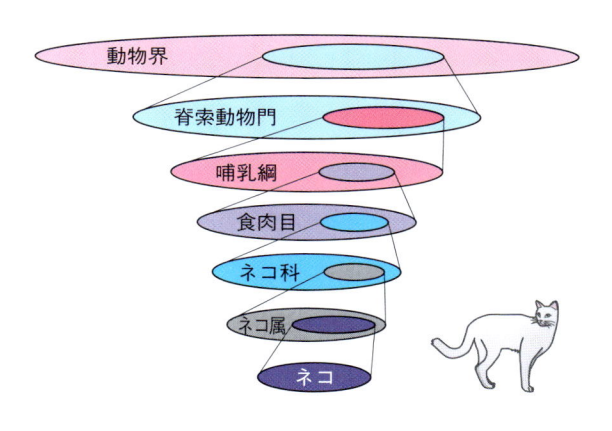

図 14・1　生物種の分類

この階層は，くくりの広い順に「界」「門」「綱」「目」「科」「属」「種」で表される（図 14・1）。

　このように，種が同定され分類されるが，以上の概念は仲間を集める，というところまでである。しかし，それぞれの種はあくまで「仲間」なので，当然ながら同じではなく違うものである。では，次に問題になるのは，それぞれが「どの程度」違っているか，である。このことを示す上で用いられるのが**系統樹**である（図 14・2）。

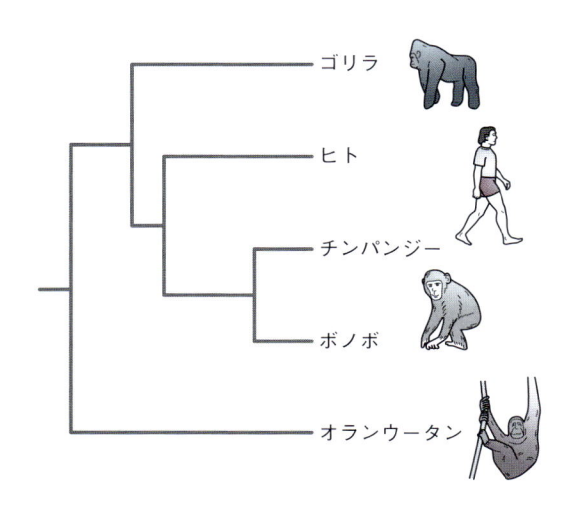

図 14・2　系統樹の例

　系統樹は，以前は種の外見や行動パターンの違いの大小によってつくられたが，現在は，遺伝子の塩基配列，あるいはタンパク質のアミノ酸配列を比較し，その違いの大小をもとにしてつくられることが増えている（**分子系統樹**とよばれる）。そのため，昔の系統樹と比べて現在の系統樹はときに大きく書き換えられている。以下に説明する内容の中には，ごく最近変更されたものもあるし，また，今後書き換わる可能性もある。科学が進歩していることを反映していると理解してほしい。

14章

生物の系統と分類

14・2　真正細菌ドメイン・古細菌ドメイン

　1章でも触れたように，3ドメイン説に従って記述すると，すべての生物は**真正細菌ドメイン**，**古細菌ドメイン**，**真核生物ドメイン**の3群に分類される（図1・2a 参照）。このうち前の2つは**原核生物**である。恐らく地球上に最初に現れた生物は原核生物である。その後，さまざまな環境変化の中で，原核生物はその多様性を増やしていった。多くの原核生物は単細胞で，原核細胞の大きさは一般に真核細胞よりも小さい。また，多くの原核生物は，細胞壁をもつ。この細胞壁の特徴の違いによって，**グラム陰性菌**と**グラム陽性菌**に分けられる。グラムは人名で，Gram という学者が考案した細菌染色法によって紫に着色される菌を陽性菌，されない（赤く見える）菌を陰性菌とよぶ。グラム陽性菌にはブドウ球菌などが分類される。一方，グラム陰性菌にはシアノバクテリアや大腸菌などが含まれる。植物の窒素固定に必要な根粒菌や窒素固定細菌（➡ 15・4 節）もグラム陰性菌である。

　古細菌は，極限環境で生育可能な一群の生物で，PCR（➡ p.39 のコラム）に用いられる taq ポリメラーゼは，古細菌の1つである好熱菌 *Thermus aquaticus* から単離されたものである。それ以外にも，高度好塩菌やメタン菌なども古細菌に含まれる。新しい考えでは，古細菌ドメインは少なくとも2つの界に分けることが主流になっている（**図 14・3**）。

14・3　原生生物（4 界の集合）

　生物の分類に関しては，3ドメイン説が唱えられる前は，5界説（または6界説）が一般的であった。これは，すべての生物を**真正細菌界**，**（古細菌界）**，**原生生物界**，**菌界**，**植物界**，**動物界**，に分類する考え方である。ただし，以下に述べるように，近年の遺伝子・ゲノム解析から，このような分類の方法は時々刻々変化しているので注意が必要である。ではあるが，ここでは従来の分類に従い，原生生物について説明する。

　原生生物は4つのグループ，**エクスカバータ**，**SAR**，**アーケプラスチダ**，**ユニコンタ**から構成される（**図 14・3**）。これらの名称にはなじみが薄いかもしれないが，現在これらはすべて界と見なされている。つまり，6界のうちの1つはさらに4つに分ける必要がある，ということである。また，系統分類的にはアーケプラスチダには植物，ユニコンタには菌類，動物を含めることができる。

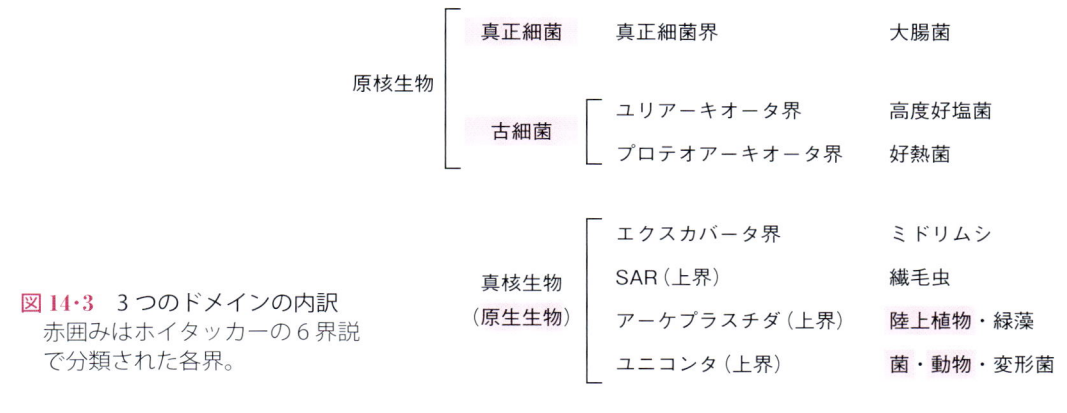

図 14・3　3 つのドメインの内訳
　　赤囲みはホイタッカーの 6 界説で分類された各界。

つまり，これまで 1 つの界とされてきた菌・植物・動物は，原生生物を分ける 4 グループのうちの 1 つの，さらにそのグループを構成する枝の 1 つにすぎない，と考えることができる。それだけ原生生物は広い範囲をカバーしているのである。

　ここで，典型的な原生生物をいくつか挙げる。エクスカバータに含まれるミドリムシは，鞭毛をもち運動することができる一方で葉緑体ももつ。また，SAR には珪藻や繊毛虫が，アーケプラスチダには緑藻が，ユニコンタには粘菌（変形菌）が含まれる。また，ユニコンタに含まれる襟鞭毛虫は，動物にもっとも近い原生生物として知られている。

14・4　菌類（界）

　「菌」という字を見てまず思い浮かべるのは病原菌のようなものかもしれない。しかし，もともとの「菌」は「キノコ」を意味する字で，真正細菌（原核生物）ではない。ここでも，真正細菌，古細菌とは切り離して考えてほしい。

　菌類の特徴は，まず第一に真核生物である点である。また動物と同様，菌類も従属栄養生物に含まれる。つまり，他の生物がつくった有機物を取り込んで自らの栄養とする。多くは個体の外にある有機物を，酵素を利用して分解し個体内に取り入れる。多くの菌類は単細胞か，あるいは糸状の構造（糸状体）を形成する。多細胞である糸状体は，菌糸とよばれる紐状の構造が複雑に絡み合い，個体を構築している。

　菌類は，大きく分けてツボカビ類，接合菌類，子嚢菌類，担子菌類などに分けられる。中でも，担子菌類は 3 万以上の種が知られており，この中に，私たちがよく知るいわゆるキノコが含まれる。また，アオカビやアカパンカビなどのいわゆるカビ，そして酵母は子嚢菌に含まれる。

14章

生物の系統と分類

14・5　植　物（界）

　地球上で約 30 万種が知られている**植物**は，地球を「緑」にたとえるほど繁栄している。動物が地球上で生息できるのも，植物が存在しているからである。それは，植物が同化した有機物を栄養として利用するためだけではなく，呼吸に使う酸素も植物が放出したものだからである。では，植物はどのようにして誕生したのだろうか。植物に一番近い「非」植物は原生生物であるシャジクモである。シャジクモは水中に生息しているが，乾燥に耐えるよう厚い層をもつようになり，水上に出てきたのであろう。陸上植物の優位性は，光吸収の効率と二酸化炭素濃度（空気中の方が高い）にある。

　ここで植物の特徴を挙げる。1 つは，分厚いクチクラをもつこと，気孔をもつことである。また，胞子・種子を使って繁殖することも植物の特徴である。植物の分類としては，まず**維管束**をもつかもたないかで分類ができる（13 章）。いわゆるコケ植物は維管束をもたない。一方，維管束をもつ植物は，さらに**種子**をつくる植物とつくらない植物に分類できる。種子をつくらない維管束植物にはシダ植物などが含まれる。また，種子植物はさらに**裸子植物**と**被子植物**に分類することができる（**図 14・4**）。

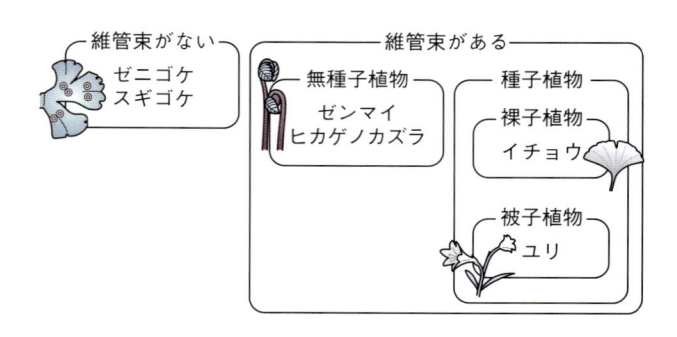

図 14・4　植物の分類

14・6　動物①：背「索」動物以外の動物

　私たちヒトを含む**動物**もまた，地球上で繁栄を遂げているといってよい。動物すべてがもつ特徴を挙げるのは難しいが，多細胞生物であること，従属栄養生物であること，細胞壁をもたないこと，などであろう。「多くの（すべてではない）」動物の特徴としては，生殖を行うこと，卵割と原腸形成を行い，成体を

つくり上げること（➡ 13章）なども挙げられる。動物という名の通り，神経系と筋肉系を有して自ら移動する種が多いが，例えばフジツボ[*14-1]のような固着性の動物も多く，「動く」という特徴を動物に当てはめるのは適当ではない。

　動物の系統分類においては，以前は形態的な特徴（**体制**とよぶ）から行われることが多かった。例えば組織の有無で海綿動物とそれ以外を，二胚葉性か三胚葉性か，あるいは形態が放射相称であるか左右相称であるかで刺胞動物を，体腔をもつかどうかで線形・変形・軟体動物を，旧口（原口が口になる）か新口（原口が肛門になる）かで棘皮動物を，そして脊索があるかどうかで脊索動物を分類する，といった具合である。しかし現在は，このうち体腔の有無や旧口・新口で分類することはせず，**左右相称動物を冠輪動物・脱皮動物**，そして**新口動物**で分けることが一般的になってきている（**図 14·5**）。

　ここで，脊索動物以外の動物について，その概略をごく簡単に説明する。動物の共通祖先から最も最初に分岐した海綿動物は袋状の構造で，その内側にある襟（えり）細胞の鞭毛の動きで水から栄養を得て細胞に取り込む。イソギンチャクやクラゲを含む刺胞動物は，中胚葉をもつようになり，原始的な神経系をもつ。軟体動物は二枚貝や巻き貝，イカやタコを含み，いずれも外套膜といわれる膜で覆われている。棘皮動物はウニやヒトデ，ナマコを含む一群で，多くは五放射相称という特徴的な構造をもつ。また，排出器官をもたず，水管系という管をもっている。

14 章

生物の系統と分類

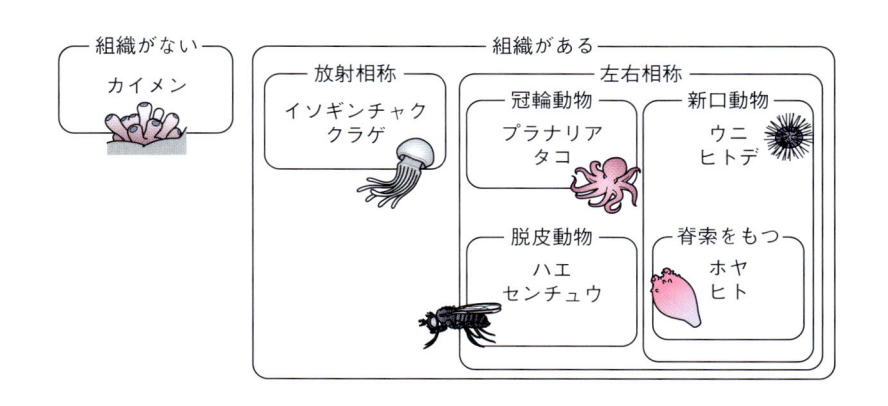

図 **14·5**　動物の分類

14·7　動 物②：脊索動物

　さて，系統分類の最後に，**脊索動物**を説明する。現在主流となっている考え方では，脊椎動物門は存在せず，脊索動物門の1つの亜門として脊椎動物が位置づけられている。

　脊索動物をおおまかに分類した図が**図 14·6**である。脊索動物の誕生は約5億年前といわれている。生物種が爆発的に増加したカンブリア爆発が5億3千万年前といわれており，それに近い。脊索動物の特徴は，字のとおり**脊索**をもつこと，背側神経管をもつこと，咽頭裂をもつこと，が挙げられる。

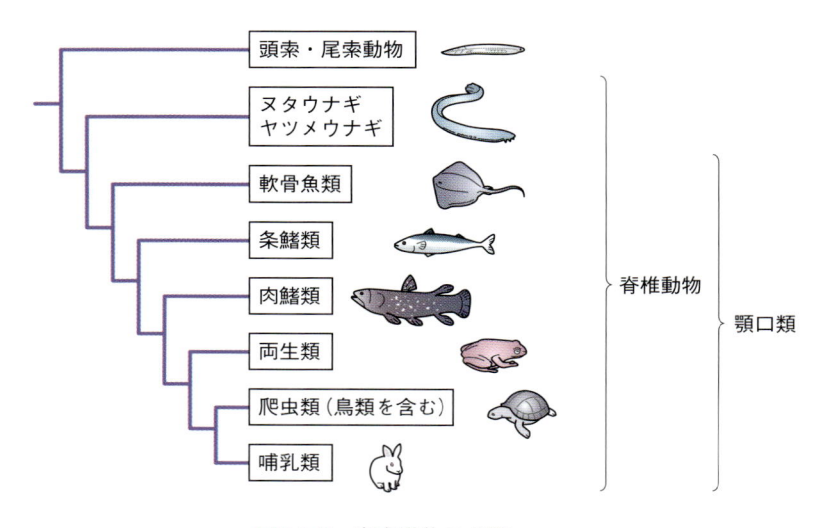

図 14·6　脊索動物の分類

　さて分類について。脊椎動物以外の脊索動物として，ナメクジウオ（頭索動物），ホヤ（尾索動物）が挙げられる。ナメクジウオは口から取り入れた海水を鰓裂から出すとき，海水中の食物の粒子を消化管に送り込んで捕食する。細長いからだの背側には神経管，そして脊索がある。ホヤは，幼生のときにはやはり神経管と脊索をもち細長いからだをしているが，成体にはない。一方，鰓裂は残り，入水管から得た海水のなかの食物粒子を消化管に送り込み，残りは出水管から排出する。

　脊椎動物の特徴は，これも文字通り**脊椎**をもつ点であるが，最も初期に分枝したヤツメウナギやヌタウナギがもつ脊椎は非常に貧弱である。また，他の脊椎動物と違って顎をもたない。もちろん，脊索は有している。以上の理由から，これらの脊椎動物は，ホヤやナメクジウオと脊椎動物をつなぐ重要な生物種で

あるといえる。顎口類はいわゆる脊椎動物として知られる動物の集合で，軟骨魚類，条鰭類，肉鰭類，両生類，爬虫類，哺乳類に分類される。最近では，鳥類は完全に爬虫類に含めることになっている。

　軟骨魚類はサメなどの軟らかい骨をもつ魚類である。条鰭類は体表がうろこで覆われた魚類で，私たちにとってもっとも身近な魚類であるといえよう。これまでに3万種近くが同定されている。肉鰭類は，胸びれや腹びれが厚く，その中には骨も存在する。シーラカンスは肉鰭類の一種である。肉鰭類は条鰭類ほど多く生息していないが，重要な点は両生類と類似する形質があることである。約3億5千万年前までに，肉鰭類の分厚いひれが両生類の四肢に進化したと考えられている。

　両生類は大きく**無尾目**と**有尾目**に分けられる。前者にはカエル，後者にはイモリやサンショウウオが分類される。両生類の特徴は字の通り水と陸の両方で生息できることであるが，水中で生きるのは幼生のときのみの種も多い。また，同じカエルでも水中での生活が得意な種，不得意な種があり，生活様式は多様性に富んでいる。

　爬虫類と哺乳類は併せて羊膜類とよばれる。羊膜とは胚を保護する膜のことで，胚体外膜の1つである。つまり，胚のうち体にはならない部分（栄養芽層という）からつくられる膜である。羊膜の中は水で満たされていて，老廃物や栄養，ガスの交換に重要である。

　さて，爬虫類は約3億年前に出現し，栄華を誇った。しかし，気候変動により，約6千万年前までにはほぼ絶滅した。爬虫類は絶滅したグループを併せ，主竜

「イヌはネコ」「ネコはイヌ」：これって正しい？

　ネコ，イヌはともにペットとして広く飼われている。これらの動物は分類上どのような位置づけになるのだろうか。分類的に，ネコ *Felis silvestris catus* は哺乳綱 食肉目 ネコ亜目 ネコ科，イヌ *Canis lupus familiaris* は哺乳綱 食肉目 イヌ亜目 イヌ科に属する。面白いのは，イヌとネコはともに食肉目であるが，食肉目はネコ目とも言われるので，イヌはネコ，はその点で間違いとは言えなくなる。「ネコはイヌである」は偽の命題である。

　ちなみに，食肉目に属する生物種はイヌやネコ以外にも非常に多岐にわたっていて，クマ，イタチ，パンダ，アシカはすべて食肉目である。先ほどの話を当てはめると，パンダもアシカもネコ（の一種）である。

　哺乳綱（哺乳類）での豆知識をもう1つ。哺乳綱で一番同定種が多い目はネズミ目（齧歯目，Rodentia）であるが，その次に属する種が多い目はコウモリ目（翼手目，Chiroptera）であるのは，意外と感じる人が多いかもしれない。

類，鱗竜類とその他に分類されることがわかっているが，現在生き残っている爬虫類は，主竜類ではカメ類，ワニ類と鳥類，鱗竜類ではムカシトカゲとヘビ・トカゲ類である。そして羊膜類のもう1つの集団が哺乳類である。現生の哺乳類は，約2億年前に出現した。このとき哺乳類は，大型の爬虫類（いわゆる恐竜）と共生していたが，主要なニッチを占めていたのは爬虫類の方であると考えられる。

現在の哺乳類の主要な系統（単孔類，有袋類，真獣類）が出現したのは1億4千万年前である。その後多くの爬虫類が絶滅し，それからは哺乳類の多様性が拡大した。単孔類はカモノハシなどごく少数種，有袋類も300種程度とそれほど多くない。また，有袋類の多くはオーストラリア地域と南・北米大陸のごく一部のみに生息する。真獣類は，私たちになじみの深いさまざまな哺乳類を含む。ゾウ・ジュゴンなどを含む一群，ネコ・ウシ・ウマ・コウモリなどを含む一群，そしてネズミ・ウサギ・霊長類を含む一群などに分けられる。

霊長類が最初に出現したのは約6千万年前と考えられている。霊長類はメガネザル，キツネザル，サル，類人猿に分類できる。類人猿のうちヒト類は，現在の研究では約650万年前に出現したサヘラントロプス・チャデンシスが最初とされる。そしてホモ・サピエンスの出現は，約20万年前とされるのが一般的である。

14章の練習問題

問1 以下の問いに答えよ。
(a) ドメイン説に基づく，3つのドメインを答えよ。
(b) 動物の系統分類を考える上で重要な要素のうち，「組織をもつ」以外の4つの要素は何か。答えよ。

問2 以下の動物は何門に属するか。答えよ。
あ）クラゲ　い）タコ　う）ヒトデ　え）ナメクジウオ

問3 魚類（肉鰭類）に属するシーラカンスが，進化上重要な位置づけにあると捉えられている理由は何か。その理由を答えよ。

15章 生物の生態系と多様性
― 地球と生物の関係を考える ―

　私たちの地球には，多くの種類の生物が生息している。それぞれの生物間には相互作用もあれば，生物―非生物の相互作用もある。そしてその状態が維持されている。また，状態の維持は完全な均一性の継続ではなく，ある程度の変化と復元を繰り返している。しかし，さまざまな要因によって，この生態系は時として大きく撹乱されることがある。隕石の衝突といった天変地異もその1つだが，特に20世紀に入ってからは，人間活動そのものが生態系のバランスを大きく乱す要因の1つになっている。

　生態系とは何か。地球環境には現在どのような問題があり，どうすればその問題は解決できるのか。この章の内容も，高校の生物基礎ではかなり詳しく学習するが，それを踏まえた上で，もう一度理解を深めてほしい。

高校「生物基礎」で学んだこと

- 地球上に生育する植物の集まりを植生という。森林，草原など，気候によってさまざまな種類がある。また，1つの植生は，多種多様な植物から構成されている。
- 植生は時間とともに変化する。これを遷移とよぶ。一次遷移，二次遷移を経て安定的な植生になった状態は極相とよばれる。
- 植生とそこに生息する動物を含めたすべての景観のまとまりをバイオーム*とよぶ。地球上にはさまざまなバイオームがある。これらは降水量と気温によって分類が可能である。（*生物群系ともよばれ，生物群集（後述）よりも大きな括りとしてとらえられる。）
- ある領域について，生物と非生物すべてを1つのまとまりとしてとらえたものは生態系とよばれる。小さいものでは水槽の中も1つの生態系であり，また地球も1つの生態系ととらえることができる。
- 生態系の中にいる生物は，生産者と消費者，分解者に分類でき，これらが非生物的環境（水や空気，光など）と相互作用する。生態系において，物質は循環する。この中には，生産者によってつくられた有機物も含まれる。
- 生態系はある周期をもって一定に保たれているが，人間活動などによってそのバランスが崩れることがある。そのため，生態系を保全することが必要である。

15·1　生物群集と個体の相互関係

　研究室など特殊な環境を除けば，その場所に単一の生物種だけがいることはほとんどなく，必ず複数の生物が一緒に暮らしている。それは，地球全体を捉えるだけではなく，ある地区，ある森，ある池，といったように，ごく限定された範囲ですらそうである。このような，ある一定の地域に生息する生物の集合を**生物群集**とよぶ。

　生物群集に属する生物は，おのおのが完全に独立して生息しているかというとそうではなく，さまざまな相互関係が存在する。例えば草食動物は草を食べて生きる。つまり，草食動物と植物の間には，食う食われるの関係がある（**摂食**）。草食動物同士の関係もある。同じ草を食べる複数の草食動物は，それが異なる種であれ同じ種であれ，互いが「えさ」をめぐるライバル関係にある（**競争**）。えさを食べたあとにだす「ふん」は土に戻り，これは微生物や植物の栄養になる。

　このように，生物群集における種間の関係にはいくつかの種類がある（**図15·1**）。摂食と競争は以上に述べたとおりである。それ以外の関係もある。1つは**寄生**である。寄生は，他の生物種がもつ養分を使って生息するパターンであり，摂食ではないが一方だけが利益を得る関係である。他には，**共生**がある。相利共生は互いに得になるような共生関係で，例えば植物と窒素固定細菌において，窒素固定細菌は植物の栄養をもらう一方，植物は窒素固定細菌によってつくられた窒素化合物を利用する。また，クジラにくっついてテリトリーを広げるフジツボは，クジラに対しては利益にも不利益にもならないので，この関係は片利共生とよばれる。以上のような，さまざまな個体同士の複雑な関係性の中で生物群集は成り立っている。

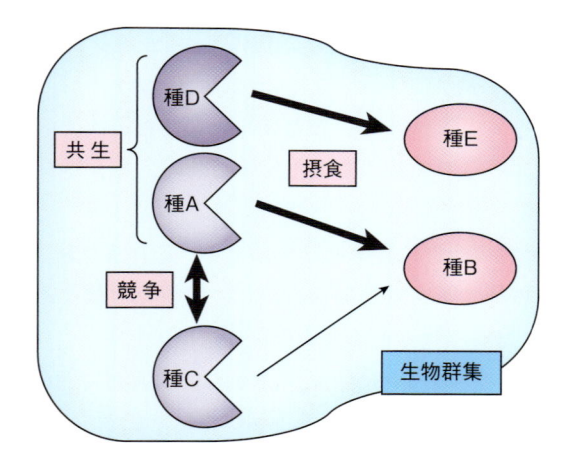

図 15·1　生物群集と種間の関係

15·2　生物群集の維持

　上記のように，生物群集には多くの生物種が暮らしているが，競争関係がある生物同士の共存は難しいように思われる。しかし実際には，両者が共存した群集はいろいろなところにある。このような種の共存が維持される仕組みとして，ニッチ分化説と非平衡共存説という2つの考え方がある。

　ニッチ分化説とは，生息場所を分け合ったり（**棲み分け**），異なる餌を食べるようになる（**食べ分け**），つまりニッチ（生物が占める位置）を分け合うことによって，共存が可能であるという考え方である。

　非平衡共存が生じる例としてよく取り上げられるのは，ヒトデ・ムラサキガイ・ヒザラガイの関係である（図15·2）。ヒトデはムラサキガイを摂食するが，この群集では三者が共存している。もしこの群集からヒトデを取り除くとどうなるか。天敵がいなくなったムラサキガイは激増し，岩の表面を覆い尽くす。すると競争力の弱いヒザラガイもまた激減する。つまり，1つの生物種を除去しただけで，他の複数の生物種の個体数に大きな影響が生じることを示している。逆にいうと，ヒトデは競争力の強いムラサキガイを摂食することで個体数を抑制し，ヒザラガイの繁殖を可能にしている，というわけである[*15-1]。

　非平衡共存説を説明する上でもう1つの概念がある。それは**中規模撹乱説**である。簡単に言うと，環境が適度に撹乱された方が種の多様性が増加するという考えで，撹乱されすぎるとその環境に耐えることができる種が少ないので多様性が減る一方，撹乱が少なすぎても優占種が他の種を排除してしまう結果，やはり多様性が減る。要はバランスが大事であるということである。

15 章
生物の生態系と多様性

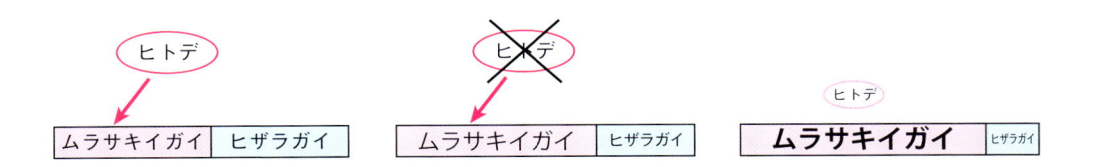

図 15·2　ヒトデをとりまく生物群集
矢印は摂食関係を示す。

[*15-1]　このことはニッチ分化の例であるという考え方もある。例えば，ヒザラガイはヒトデで食べられないようなニッチに，ムラサキガイは増殖に特化したニッチに，それぞれ分化したため共存できる，と考えることもできる。

15·3　生物群集の遷移

　生物群集は，さまざまな環境変化に大きな影響を受け，群集に属する生物種やそれらの個体数が変動していく。このような，生物群集の時間的な変化を**生物群集の遷移**とよぶ（**図 15·3**）。

　例えば，火山噴火は周囲の生物種を絶滅させるが，その跡地には新しく生物種が移入してくる。しかし，まったくの岩山にいきなり大きな幹をもつ木が生えることはない。まずはコケや地衣類などが生え（さらにその前には細菌や原生生物などがまず生息しはじめるだろう），続いて背丈の低い草が生え，その後低木，高木と順次生息種を変化させていき，やがて安定期を迎える。この状態は極相とよばれる。極相の状態は必ずしも維持されるわけではなく，倒木などによって高木が除かれると（このような場所は**ギャップ**とよばれる），その場所限定的に再び光が差し込んで低木が生育するといった循環が再度始まる。

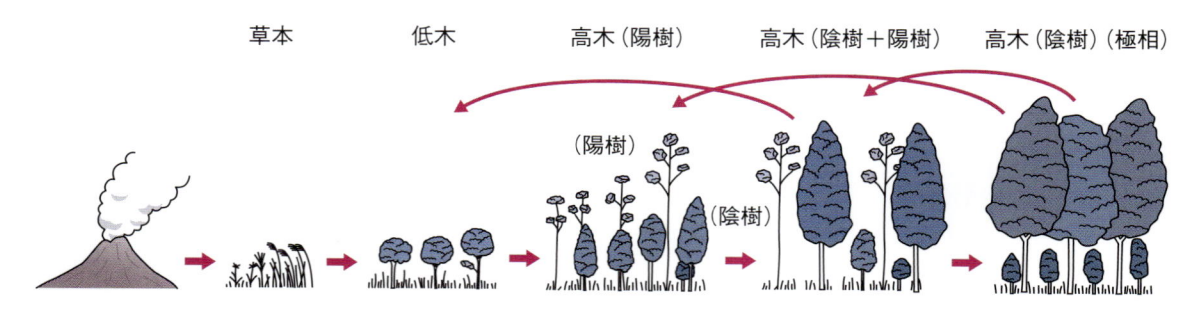

　　草本　　　　　低木　　　　高木（陽樹）　　　高木（陰樹＋陽樹）　　高木（陰樹）（極相）

（陽樹）

（陰樹）

図 15·3　生物群集の遷移

15·4　物質の循環

　生物群集の中では，さまざまな生物が物質を生産・摂食・分解し，これらが生態系の中で循環する。例えば炭素についていえば，生産者は大気中の二酸化炭素を取り込み有機物を合成する。いわゆる**同化**である（**図 15·4a** ➡ **5·5 節も参照**）。消費者はこれを摂食し，栄養にする。この消費者を別の消費者が摂食する。消費者はエネルギーを得るため**異化**を行い，代謝産物として二酸化炭素を再び大気中に放出する。消費者は食べかすを排出し，そしてやがて死を迎える。これらは地中の分解者が分解し，炭素は土壌や水中に戻っていく。これらをまた生産者が利用する，といった具合に炭素が生態系内を**循環**する。

　同様に，生体物質として必須な窒素やリンについても循環が起こる（**図**

(a) 炭素循環

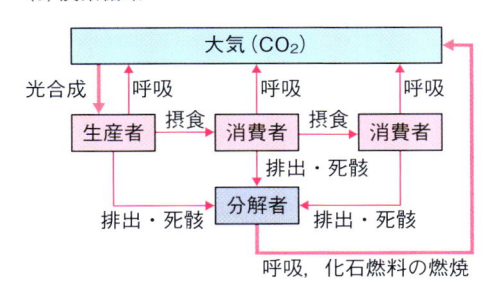

(b) 窒素循環

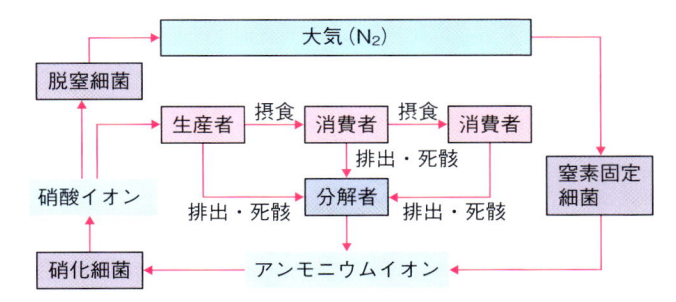

図 15・4　物質循環

15・4b)。窒素は大気中にたくさん存在するにもかかわらず，窒素をアンモニウムイオンや硝酸イオンに変えることができるのはごくわずかな種類の細菌（窒素固定細菌や根粒菌➡14・2節）だけである。植物は，これらのイオンを用いて代謝を行い，アミノ酸などを合成する。消費者が生産者を摂食せねばならない理由の1つである。逆に，植物を育てるときに利用する肥料に硫酸アンモニウムや塩化アンモニウム（硫安・塩安）を配合する理由でもある。

15・5　生態系の維持と保全

　20世紀に入り，地球上の環境が大きく変動し，**生態系**も大きく変化した。例えば，森林面積の大きな減少と人間のさまざまな活動によって，地球上の二酸化炭素濃度が大きく上昇するとともに，地球の平均気温も上昇している（**図15・5**）。また，人間がさまざまな不要物を排出することで，大気のみならず海洋の環境も大きく破壊されている。さらには，人為的な生物種の移動（いわゆる**外来生物**の移入）に起因する，群集を構成する生物種の減少も大きな問題になっている。例えば日本では，ブルーギルやブラックバス，ウシガエルやアメリカザリガニなどの動物，セイタカアワダチソウやセイヨウタンポポなどの植物がそれにあたる。

　種の減少については，国連や，日本でも環境省や自治体からレッドデータブックとよばれる本が出されており，その問題点を世界レベルで監視することを通して，人間活動による種の減少を食い止める努力がなされている。また，外来生物についても，さまざまな法律による規制がかけられ，やはり生態系の破壊・生物種の減少を防ぐ取り組みが行われている。

　ここ50年で上昇傾向にある平均気温や二酸化炭素濃度の抑制については，国

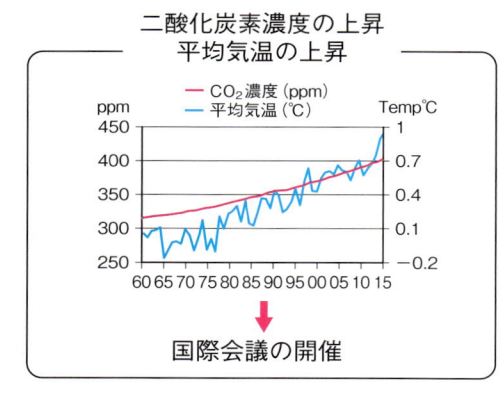

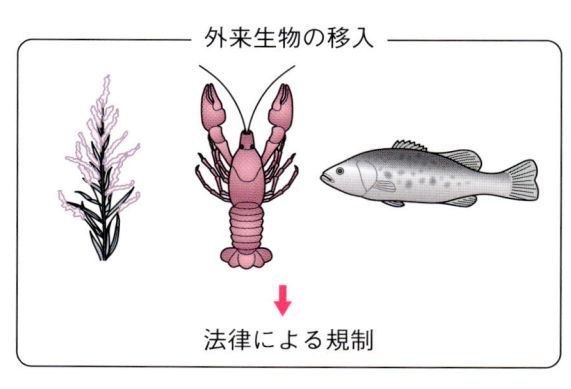

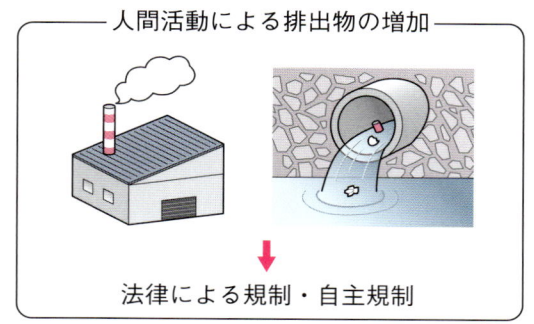

図 15・5　生態系を変化させる要因とその対処法

連気候変動枠組条約の締結に参加する国による会議（COP）が毎年開催され，具体的な取り組み方法について各国で議論が進められていることは，さまざまな媒体を介したニュースによって知っている人も多いだろう。

　生態系の保全については，何も近年になって初めて行われているのではない。教科書で必ず出てくると言っていい日本古来の「里山」の考えは，人間の手が適切に加わることで生態系を維持することができる，重要な概念と言える。

15・6　終わりに：生物学と社会

　最後に，生物学と社会の関わりについて触れる。生物学や生命科学という学問は，生物のありかた，例えば生物がどのようにでき，どのような仕組みで機能を果たし，どのようにして子孫を残し，そして多くの生物個体が地球上でどのような関わり合いをもちながら共存しているか，を説明している。ただし，人間社会と生物の関係について，生物学で示される内容はごく限られている。

　たしかに，生物学を含む科学の進歩は，人間社会に大きく貢献している。それは病気を治したり，食料生産を増加させたり，この章でも触れたように地球

環境の改善にも役割を果たすだろう。

　しかし，そのような恩恵の裏には必ず不都合なこともあることを忘れてはいけない。例えば不老不死の薬ができたとすると，人口はどんどん増える。死という「天敵」がなくなると，図 15·2 で説明したとおり，人間のみならず他の多くの生物種にも影響が及ぶ。また，病気を治すこと，あるいはその方法の開発には莫大な費用がかかる。人間の脳の仕組みが完全に理解され，何を考えているか他人が覗けるようになることは，究極のプライバシー侵害である。また，顔の形を決める仕組みが明らかになり，それをゲノム編集技術で改変できるようになったら？

　生物学を学ぶということは，単に知識を頭に入れることが目的ではなく，上に示したような社会への貢献と同時に，どのような問題点があるかを考えるためにとても大事である。この本の最後に，それぞれの人が改めて生物学と社会の関係について，自分なりに考えてみることを提言したい。

15 章の練習問題

問 1　生物群集における種間の関係のうち，相利共生の具体的な例を 1 つ挙げて説明せよ。

問 2　生態系の維持について。外来生物の移入はなぜ生態系を破壊する原因になるのだろうか。その理由を説明せよ。

問 3　生物学の発展が社会に与える影響について，利点と問題点の両方から論ぜよ。

15 章

生物の生態系と多様性

章末問題の解答

1章

問1 細胞からできている，子孫を残す，遺伝情報をもつ，代謝する

問2 ウ　有機物を分解してATPを合成するのは異化。翻訳によって合成されたタンパク質は，輸送によっても運ばれる。ホメオスタシスは，ホルモンだけでなく神経も重要な役割を担う。以上からア，イ，エは×。細胞骨格は細胞の形の維持，移動に役立っているので〇。

問3 これはあえて答えを示さない。各自考えてほしい。

2章

問1 ①イ　②ア　③ア　④オ　⑤キ　⑥ケ

問2 （核は二重膜が二層になっている。その外側の膜が小胞体とつながっている）

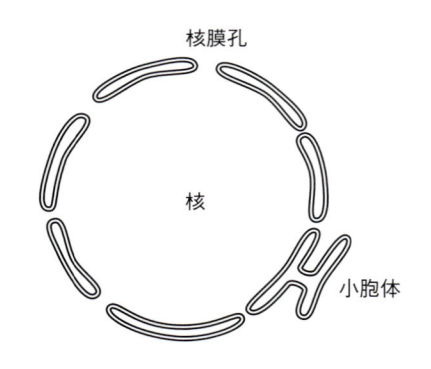

3章

問1 (1) 正電荷をもつ：リシン　(2) 負電荷をもつ：アスパラギン酸　(3) 電荷をもたない：グリシン，セリン，プロリン

問2 αヘリックス，βシート。複数のタンパク質（ポリペプチド）が集まってできた立体構造が四次構造である。

問3 (a) 基質特異性，反応特異性　(b) 酵素の反応中心とは異なる部位に別の調節物質が結合することで酵素活性が調節される機構。

4章

問1 ①プリンはAとG，ピリミジンはTとCなので×。②これは〇。③ポリA付加は真核細胞で行われるので×。④ほとんどのtRNAはA位に結合するが，開始MetをもつtRNA（ホルミルメチオニンtRNA）だけはP部位に直接結合するので×。⑤これは〇。

問2 一方の鎖の並びがあれば他方の鎖の並びも自動的に決まるので，複製だけでなく，修復の際にも有利に働く。

問3 プロモーターに基本転写因子が結合する。この結合によってRNAポリメラーゼが転写開始点付近に呼び込まれ，転写が始まる。

問4 a) 同じ配列　b) 相補的な配列　c) 相補的な配列

5章

問1 (b)。ちなみに (a) はdATP，(c) はGTP，(d) はcAMP。

問2 (a) 1，(b) 2，(c) 1，2，(d) 1，(e) 3（脂質の分解に関わる。）

問3 a) 解糖系は細胞質基質で行われる。b) ATPは2分子消費され4分子合成される。

6章

問1 ①カドヘリン　②アクチン　③インテグリン　④中間径フィラメント

問2 (a) G-アクチン (b) チューブリン (c) 細い

(d) 太い　(e) する　(f) する　(g) しない　(h) ATP
(i) GTP　(j) なし

問3　(a) アクチン結合性：ミオシン，微小管結合性：キネシン・ダイニン

(b) ミオシン：プラス端，キネシン：プラス端，ダイニン：マイナス端

7章

問1　(a) セリン，スレオニン，チロシン

(b) リン酸化：(タンパク質) キナーゼ，脱リン酸化：フォスファターゼ

問2　(a) ATP → cAMP

(b) A キナーゼの活性化→ホスホリラーゼキナーゼが活性化→ホスホリラーゼが活性化→グリコーゲンがグルコースに分解

問3　複数の伝達経路を使うことによって複雑な制御が可能，シグナルの強度を強めることができる，経路の ON-OFF が容易，など

8章

問1

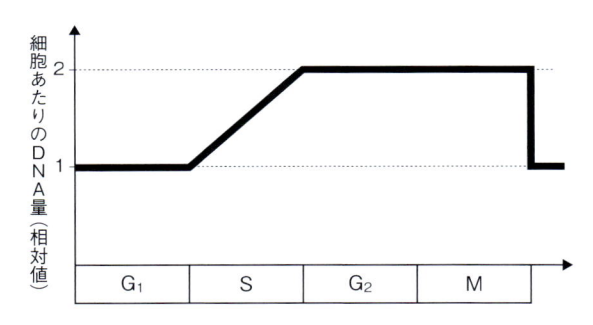

問2　CDK のリン酸化による活性化，CDK の ATP 結合領域リン酸化による抑制，CKI の結合による抑制

問3　DNA 損傷→ p53 結合タンパク質の解離→ p53 タンパク質のリン酸化による活性化→ *p21* 遺伝子の転写活性化→ CDK に結合，活性の抑制→細胞周期の停止

問4　CKI と同様の機能をもつか，あるいは CKI を活性化する物質。他にも，CDK のリン酸化を抑制

する薬剤やタンパク質も有効だろう。

9章

問1　①核移行シグナル　②インポーティン　③核外搬出シグナル

問2　a) クラスリン　b) SNARE　c) 糖鎖修飾

問3　エンドサイトーシス　免疫細胞の1つであるマクロファージは，細胞外の微生物などをエンドサイトーシスにより取り込み，食作用により分解する。

10章

問1　ラクトース（の代謝物）が多く存在すると，それがリプレッサーに結合することで，リプレッサーはオペレーター配列に結合することができなくなり，βガラクトシダーゼ遺伝子の転写が引き起こされるようになる。このような仕組みをラクトースオペロンという。

問2　ポリ A 付加，キャップ付加，スプライシング

問3　(a) 八量体，ヌクレオソーム構造

(b) ヒストンアセチルトランスフェラーゼ。ヒストンがアセチル化されると正電荷が中和され，負の電荷を帯びた核酸との結合が弱められる。

11章

問1　ア 1，イ 5，ウ 8，エ 6，オ 10

問2　カリウムイオン，漏洩チャネルの存在

問3　(a) 平衡かどうか（加速度の検知）　(b) 半規管の中を満たす液体が動くと，その力でクプラが湾曲し，刺激が神経に伝わる。

12章

問1　視床下部により体温の制御が行われている。具体的には，代謝によるエネルギー産生，血管拡張による熱放射，発汗，さらには日陰に隠れ，石に体を接触させるなど，行動による調節も行われる。（＊この中のいくつかが書ければ良い。）

問2　(a) グルカゴン，アドレナリン，コルチゾル。これ以外にも，副腎皮質刺激ホルモン（ACTH）や成長ホルモン（GH）なども該当する。

(b) 血糖値が高い状態は，生死にはすぐには関わらない。一方で，低血糖状態は全身への栄養供給が滞ることを意味する。それを回避する仕組みが1つしかないと，その不具合は死に直結するため，血糖値を上げるホルモンは多数存在する。

問3 (a) 細胞の中に取り込まれた異物の断片（抗原）を細胞外に提示し，T細胞を活性化する。

(b) 免疫グロブリン遺伝子の組換え（再構成）によって多様性が生み出される。

13章

問1 精子が卵細胞膜に結合した際に起こる電位の変化による多精拒否（速い不完全多精拒否）と，表層顆粒の崩壊による受精膜の形成による多精拒否（遅い完全多精拒否）。

問2 bicoid（ビコイド）遺伝子，nanos（ナノス）遺伝子が関与する。bicoid タンパク質・mRNA が前後軸に沿って濃度勾配をつくり，濃度の高い方が前方になる。nanos は逆に，濃度の高い方が後方になる。

問3 (a) 形態形成

(b) 陥入，収束伸長，覆い被せ，移入，移動などから三つを記入。

問4 横方向の肥大化はエチレン，縦方向の肥大化はジベレリンが関与する。

14章

問1 (a) 真正細菌ドメイン，古細菌ドメイン，真核生物ドメイン

(b) 相称性，体腔の有無，旧口・新口，脊索の有無

問2 あ）刺胞動物，い）軟体動物，う）棘皮動物，え）脊索動物

問3 鰭の骨格が両生類の四肢と類似しており，魚類と両生類をつなぐ種であると考えられるから。

15章

問1 窒素固定細菌と植物。他にも例があるので各自調べてほしい。

問2 在来種の摂食により，その種が減少する。さらには，その在来種に影響を受けている他の種の個体数にも大きな影響を与えるため，結果的に生態系全体が破壊される。

問3 これも，ここでは答えを示さない。各自考えてほしい。

参　考　書

より深く勉強したい人のために，以下の参考書を挙げる。

① 東京大学生命科学教科書編集委員会 編 （2018）『理系総合のための生命科学 第 4 版』羊土社（本書の多くの図を作成する際，参考にさせて頂いた。）

② 東京大学生命科学教科書編集委員会 編 （2019）『現代生命科学 第 2 版』羊土社

③ 池内昌彦・伊藤元己・箸本春樹・道上達男 監訳 （2018）『キャンベル生物学　原書 11 版』丸善

④ R/J Biology 翻訳委員会 監訳 （2006）『レーヴン・ジョンソン生物学（上，下）』培風館

⑤ 中村桂子・松原謙一 監訳 （2017）『細胞の分子生物学 第 6 版』ニュートンプレス

⑥ 中村桂子 監訳 （2017）『ワトソン遺伝子の分子生物学　第 7 版』東京電気大学出版局

⑦ 武田洋幸・田村宏治 監訳 （2012）『ウォルパート発生生物学』メディカル・サイエンス・インターナショナル

⑧ 田村隆明 （2009）『コア講義 生化学』裳華房

⑨ 上代淑人 監訳 （2001）『ハーパー・生化学』丸善

⑩ 八杉貞雄 （2013）『ヒトを理解するための生物学』裳華房

写真提供
図 2·4　(a) 加藤美砂子博士，(b)(c) 駒崎伸二博士
図 2·5　駒崎伸二博士
図 2·6　加藤美砂子博士
図 6·9　(c) 駒崎伸二博士
図 11·2　（左上から）Jose Luis Calvo/Shutterstock.com, Rattiya Thongdumhyu/Shutterstock.com, Jose Luis Calvo/Shutterstock.com
図 11·3　（左上から）Jose Luis Calvo/Shutterstock.com （2 枚），Choksawatdikorn/Shutterstock.com （2 枚），David A. Litman/Shutterstock.com, Schira/Shutterstock.com
図 11·5　（左上から）Jose Luis Calvo/Shutterstock.com, Choksawatdikorn/Shutterstock.com （2 枚）
図 12·4　Borodkin Viacheslav/Shutterstock.com
タイトルデザイン　bestbrk/Shutterstock.com

索　　引

著者略歴

みち うえ たつ お
道 上 達 男

1967 年　和歌山県に生まれる
1990 年　東京大学理学部生物化学科卒業
1995 年　東京大学大学院理学系研究科修了（博士（理学））
1996 年　東京大学大学院理学系研究科　助手
1999 年　科学技術振興機構　研究員
2005 年　東京大学大学院総合文化研究科　助手
2006 年　産業技術総合研究所　主任研究員
2008 年　東京大学大学院総合文化研究科　准教授
2015 年　東京大学大学院総合文化研究科　教授

主な著書・訳書

『キャンベル生物学』（丸善，2018，監訳）
『生物学入門　第3版』（東京化学同人，2019，共著）
『発生生物学』（裳華房，2022，単著）
『メディカルスタッフのための 生物学』（裳華房，2024，単著）

基礎からスタート　**大学の生物学**

2019 年 11 月 25 日　第 1 版 1 刷発行
2023 年　7 月 25 日　第 2 版 1 刷発行
2025 年　4 月 10 日　第 2 版 2 刷発行

検 印
省 略

定価はカバーに表
示してあります.

著 作 者　　道 上 達 男
発 行 者　　吉 野 和 浩
発 行 所　　東京都千代田区四番町 8-1
　　　　　　電 話　　03-3262-9166（代）
　　　　　　郵便番号 102-0081
　　　　　　株式会社 裳 華 房
印 刷 所　　株式会社 真 興 社
製 本 所　　株式会社 松 岳 社

一般社団法人
自然科学書協会会員

ISBN 978-4-7853-5241-7